AF364697

小数据

玩转数据与精准营销

于久贺 ◎ 著

大数据专家首次揭秘小数据营销之道！

人民邮电出版社

北　京

图书在版编目（ＣＩＰ）数据

小数据：玩转数据与精准营销 / 于久贺著. -- 北京：人民邮电出版社，2016.11
（互联网+时代企业管理实战系列）
ISBN 978-7-115-42748-9

Ⅰ．①小… Ⅱ．①于… Ⅲ．①网络营销 Ⅳ．①F713.36

中国版本图书馆CIP数据核字(2016)第202140号

内 容 提 要

本书分析了在大数据驱动企业营销的过程中，小数据对实现企业精细化经营的作用，同时告诉读者如何在大数据时代通过小数据来进行精准细分市场，冲击领域第一，组建数据分析团队，打造营销铁军，集中优势兵力，最终实现精细化经营。本书适合大数据研究者、网络工作者、企业管理者及员工阅读。

◆ 著　　　　于久贺
　责任编辑　冯　欣
　责任印制　彭志环

◆ 人民邮电出版社出版发行　　北京市丰台区成寿寺路 11 号
　邮编　100164　电子邮件　315@ptpress.com.cn
　网址　http://www.ptpress.com.cn

印张：12　　　　　　　2016 年 11 月第 1 版
字数：176 千字　　　　2016 年 11 月北京第 1 次印刷

定价：45.00 元

读者服务热线：(010)81055488　印装质量热线：(010)81055316
反盗版热线：(010)81055315
广告经营许可证：京东工商广字第 8052 号

前言

    当前，粗放式经营时代已经成为了过去，精细化经营时代正在来临，并将成为未来企业经营的一种潮流和趋势。进入大数据时代，越来越多的企业在关注并且实施精细化经营的过程中，也十分注重小数据的应用。

    在过去，粗放式经营往往对用户进行粗略的分类，并且对用户的关注侧重点放在了感性的且仅限于表面的满意度上，对于用户的真实需求和需要方面给予的关注度远远不够；另外，粗放式经营对于市场变化并不敏感，对当前的热点缺乏预见性；粗放式经营模式没有注意对用户资料的收集、分析，为了维持和提高市场占有率，虽然增加了市场投入，但是对投入产出之间的不平衡并不清楚，没有办法保证企业效益。这样企业效益增长变得缓慢。在这种对目标市场没有清晰认识的情况下，企业极易受到竞争对手的攻击。

    但是，大数据时代的精细化经营就大不相同了。基于大数据的精细化经营，考虑的是用户的价值有多大、用户的购买行为是什么、用户的购买态度是什么、用户的购买需求和要求是什么、推动用户需求和要求的背后原因是什么，通过对用户行为大数据和用户心理小数据的收集、分析，能够真正洞察到用户的真实需求和需要，之后把企业产品的价值主张与用户需求进行完美结合，这样企业和用户之间的关系就更加紧密，用户就会成为企业的忠实粉丝，这样不但挽留了用户，还增加了用户的黏性。这也正是大数据时代精细化经营的意义所在。

    此外，大数据与小数据的结合，以互补的形式作用于精细化经营的应用之中，促进了精细化经营的实现。在大数据和小数据的共同作用下，精细化经营解决了粗放式经营所解决不了的问题，即到底谁是企业真正的目标用户、为企业用户提供什么样的产品、通过什么样的手段和渠道为用户提供产品，将这些基于大数据和小数据的精细化思想应用于企业重整经营业务环节之中，必将为企业的精细化经营带来更多的利润和价值。

本书将教你如何在大数据时代应用大数据和小数据来进行精准细分市场，冲击领域第一，组建数据分析团队，打造营销铁军，集中优势兵力，实现精细化经营。本书一共分为 7 章。

第 1 章概述大数据时代，未来的商业财富源于数据。

第 2 章详细阐述什么是小数据、小数据产生的原因以及未来的发展前景、小数据可视化、小数据的价值、小数据与大数据的区别等，帮助读者详细认识小数据。

第 3 章主要介绍在大数据时代，小数据在企业精细化管理中的各种应用。

第 4 章分析了小数据在探索市场精细化分以及精细化营销中的应用，并且讲述了小数据在电子商务企业和中小微企业精细化营销中的应用。

第 5 章讲述了大数据时代，小数据在精细化运营中的应用。

第 6 章分析了小数据思维在企业制定品牌营销策略中的应用。

第 7 章从各领域出发，通过对小数据在企业实现精细化经营中的应用案例进行分析，更加清晰、透彻地了解各领域是如何在精细化经营中玩转小数据的。

本书理论知识与实战经验兼备，可读性强，且通俗易懂。我希望本书可以帮助更多的企业在大数据时代学会利用小数据来推动精细化经营的实施；对于营销工作者而言，本书对其工作能力和业绩的提升也大有裨益。

目录

第3章　用小数据进行精细化管理的企业才是好企业　/67

未来的商业财富源于数据

对于很多企业主而言，财富是他们争相追求的主要目标，是生存和发展的唯一目标。或许在以前，这种思想还能够带领企业继续在市场中生存，但是在大数据时代，这种思想已经行不通了。所谓"得数据者得天下"，拥有数据，并合理利用这些数据中蕴含的价值，就可以坐拥天下，那么必将使市场中的绝大多数财富拥为己有。因此，我在这里可以毫不夸张地说，未来的商业财富掌握在拥有雄厚数据实力的企业手中。

1.1　万物皆数据化，商业也不例外

当前，大数据成为当下的新晋话题，大数据的出现改变了企业的营销方式和人们的生活方式，更重要的是改变了人们看待世界的方式。人们用大数据来描述定义信息爆炸时代所产生的海量数据，诸多与其相关的技术发展和创新产品的命名也与大数据有关。

与此同时，物联网技术也得到了全面发展和应用，大量传感器、RFID[①]也被广泛应用到各种物品当中，从而给世界带来了巨大的变化，使得万物都得以数据化。换句话说，即万物的本质都是数据，而数据也将彻底改变我们所处的整个世界。

在这个万物皆数据的时代，所有的文字都变成了数据，所有的图片视频也都变成了数据，所有的方位也都变成了数据，所有的沟通也都变成了数据，万事万物都可用数据表示，商业也不例外。

[①] RFID（Radio Frequency Identification），即射频识别技术，又称无线射频识别，是一种通信技术，可通过无线电信号识别特定目标并读写相关数据，而识别系统无需与特定目标之间建立机械或光学接触。

1.1.1　文字数据化

信息化进程加快，必然导致需要存储和传播的信息种类越来越丰富，越来越多元化。因此，传统的藏书楼、阅览室、图书馆势必不能胜任这一巨大的信息存储任务，在这种情况下，一种全新的数字图书馆就问世了，它通过一根网线就解决了人们的阅读需求。数字图书馆具有存储量大、占据空间小且图书不易损坏、信息方便查阅、同一信息可以多人同时查阅、信息查阅检索方便快捷、不受地域限制等特点。

我国国家图书馆为了全面实现图书馆的数字化，目前已经建成的非机构数据存储量达到了 800TB。考虑到数据的安全性和稳定性，目前国家图书馆的数据大多是以光存储为主。一方面，光存储本身具备离线存储数据的功能，与我们通常使用的硬盘相比较则更加稳定，不易受到外界因素的破坏；另一方面，这与我国国家图书馆部署的大数据战略相契合。

考虑到我国未来图书馆的大数据战略，国家图书馆设计了一个"缩微中心"，即一个以胶片为存储介质的数据存储中心。缩微胶片通过相关技术手段，可以将胶片上的数据数字化，这样就可以十分便捷地与互联网进行对接，然后将数据用来传播利用。

但是，数字图书馆也有一定的局限性。当我们不知道在哪本书上可以找到所需信息的时候，数字图书显得束手束脚，我们唯有在浩瀚的信息中寻找自己所需要的片段，但是这种方法会比较耗时。这时候，数据化文本会为我们解决这个问题。谷歌为了实现数据化文本，专门研究和开发了这样的软件工具，该软件使用能识别数字图像的光学字符来识别文本的字、词、句以及段落，这样，以前的数字化图像就转化为了数据化文本，为我们阅读或者查找带来了很大的便利。

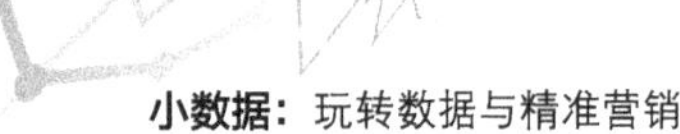

一旦将文字转变为数据，那么其中所体现的价值是相当惊人的。我们既可以利用数据化的文字进行阅读，也可以通过数据分析工具对其进行分析。谷歌作为大数据公司也同样知道其中隐藏的巨大价值，因此就用数据化的文本来改进其机器翻译服务。

1.1.2　方位数据化

目前，人们出行已经习惯于用手机查找地理位置和路线，并且喜欢依据导航来驾车，但是地图里的方位信息都是如何精确地复刻在地图里的，地图又是如何对地理位置的变化做出实时调整的呢？

其实，手机地图和导航能够如此神奇，还得归功于大数据，需要采集和制作底层地图数据才能完成。

对于地图厂商来讲，底层数据才是地图的核心。如果没有数据的话，即便是拥有再好的服务也是无济于事的。高德地图的数据都来自高德数据生产基地，在这里完成数据采集和制作等一系列流程。高德地图数据生产链包括数据的发现、数据的采集、数据的处理和数据的发布。首先在信息发现阶段，高德地图主要利用包括情报搜索平台、卫星影像自动识别、用户使用反馈以及浮动车等多种方式来搜索信息。接着是进行实地数据采集，高德地图采用两种方式：一种是车采，用来记录道路的行驶规则、方向、限速、路口形状、行车引导线等信息，数据采集车配有全景摄像头、激光扫描仪和测距传感器等，不同的设备都具有不同的功能，待各种数据采集完成之后就将数据信息实时传送到车载数据系统里；另一种是步采，用来收集详细的地理位置兴趣点信息，包括楼宇、商场、影院、学校等，采集员利用一部具备设想功能以及搭载数据采集系统的采集器，步行到达需要采集的地点，拍照、记录等就可以完成采集，并根据实际情况对采集的数据进行选择处理。

从高德地图的制作流程上不难发现，无论是采集还是处理，每个环节的工作都离不开数据的支持，人们在使用导航的时候也离不开系统对数据信息的充分分析，以此有效判断路况的实时变化，由此可见，方位已经被数据化了。

毋庸置疑，当下数据化实时位置信息已经在人们的日常生活中有了极为广泛的运用，且效果极为显著，也正是依赖于这些地理位置数据信息的收集、分析，无线运营商的移动互联网的服务水平才有了很大的提升，也使得广大用户的出行安全有了强有力的保障。

全球知名的 UPS 快递公司当前就是多效利用地理位置数据来展开快递工作。为了能够使总部及时跟踪那些出现晚点的车辆的位置以及预防故障的发生，UPS 快递公司在其货车上全部安装上了传感器、无线适配器和 GPS。同时，这些设备也给公司的监督管理员进行车辆行车路线的管理工作带来了极大的便利。通过将地理位置数据化后，UPS 的驾驶员们较以前每年少跑近 4828 万千米的路程，不但降低了油耗，还降低了二氧化碳的排放量，更重要的是提升了工作效率和安全性能。

近几年，数据化实时位置信息的应用是十分广泛的。例如，众多无线运营商也开始通过收集用户的位置数据化信息来提升移动互联网的服务水平。并且，这方面的数据还被更多地应用在其他方面。另外，第三方也开始注意到数据化实时位置信息的巨大潜在价值，利用这些数据来为其提供全新的服务。一些智能手机的应用程序就是利用其定位功能来收集用户的位置信息的。

总之，收集而来的用户方位数据信息可以为人们带来更大的商业价值。根据对某一手机使用者的居住地点和他每天要去的地方进行数据预测，就可以为他提供更加符合其需求的定制型广告；通过方位数据可以预测交通情况，许多数据服务商利用位置数据为城市提供实时交通信息。这些是过去人们不能想象的，但是方位数据告诉你，这些都已经成为了现实。

1.1.3　沟通数据化

人与人之间进行沟通，如今已经不再是传统的语言沟通，互联网的出现使得人与人之间的沟通升华到了一个更高的层次，那便是社交网络沟通。借助社交网络平台不但可以寻找到新朋友、维持老朋友，更重要的是可以将人们的日常生活元素转化为其他用途的数据。知名的社交网络平台 Facebook 目前拥有超过 15.5 亿用户，这些用户每天上传大量图片、视频、文字等数据信息。与此同时，Facebook 本身也拥有大量的数据信息，但是这些数据信息往往仅被看作信息，而并没有被定义为数据。随着 Facebook 拉开了其搜索产品背后的一些技术细节的帷幕，"社交图谱"诞生了，以往的图片、视频等信息才被正式鉴定为数据。由此，这便意味着，用户在 Facebook 上进行社交活动时，人与人之间的沟通都与数据有关，实现了沟通的数据化。

当然，沟通数据化的潜在价值应用于实际情况中也是非常多见的。像 Facebook 就是一个应用沟通数据化进行商业营销的典型例子。当前一些消费者信贷领域的创业公司已经与 Facebook 联手开发社交图谱为依据的信用评分。如知名的信贷评分系统 FICO，利用 15 个变量预测单个借贷者是不是具有一定的偿还债务的能力。一家高额风险投资的创业公司统计发现一条非常显著的规律，那就是：个人是否具备偿还债务的能力或者能够偿还债务的可能性，实际上与其朋友是否具备偿还债务的能力或者能够偿还债务的可能性成正比关联关系。这里实际上印证了古人的一句话：物以类聚，人以群分。由此看来，Facebook 也可以成为下一个 FICO。从这个调查统计中，我们不难发现社交媒体上产生的大量数据实际上也具备一定的商业价值，可以实现商业的腾飞，这样的价值远远高于 Facebook 上的图片、文档的上传和分享所给人带来的巨大价值。

实际上，只要我们善于观察，就不难发现诸多这样的沟通数据的价值应用实在是举不胜举。在沟通过程中，无论是想法、情绪（犹豫、快乐、生气、害怕等）都可以被数据化，并且在具体案例中应用。在以前，这些都是没法实现的事情。

1.1.4　万物数据化

随着互联网、云计算、物联网技术的不断发展，再加上智能设备层出不穷，对于一些事物，我们都能够从其表面发现其本质，这也就是人类生活行为数据化的体现。万事万物数据化可以换个角度理解为我们身处在一个数字网格之中，这个环境会产生海量的信息，在这个数据和信息的海洋中，不论是人还是物都可由数据表示。

诚然，无论是文字、方位、沟通还是其他所有的万事万物都离不开数据，在这个万物皆数据化的时代，数据就是资源，就是财富。

1.1.5　商业数据化

全球知名的咨询公司麦肯锡最早提出了大数据的概念："大数据是指其大小超出了典型数据库软件的采集、存储、管理和分析等能力的数据集"，并认为"数据已经渗透到当今每一个行业和业务职能领域，成为重要的生产因素。人们对于海量数据的挖掘和应用促使了新　波生产率增长和消费者盈余浪潮的到来。"

麦肯锡的这句话实际上不难看出，在这个万物皆数据化的时代，与生产率增长和消费者盈余相关的商业也必将被数据所代表。这也正是数据价值的全新用途。既然在大数据时代，商业也被数据代表了，那企业的营销就必然与数据有着不可割舍的关系。

沃尔玛公司可以说是在零售业领域中第一个意识到商业被数据代表的时代即将来临的企业。发现了大数据优势之后，沃尔玛就非常迅速地利用计算机建立了自己的数据库，以及大数据工具 Retail Link。沃尔玛利用这个工具将其生产链、经营链和销售链都捆绑在一起，使得供应商、零售商在尽可能短的时间里就能清楚地了解到沃尔玛的销售状况以及库存量，并根据了解到的情况及时作出决策，从而使得管理和营销成本大幅降低，而且还将沃尔玛的员工和供应商紧密联系到一起，使得工作效率有了很大的提升。其实，总结一下沃尔玛的营销策略，不难发现，沃尔玛其实是巧用数据库和数据处理来提高数据在各部门、各体系的关联性，用数据来维系企业的各个经营管理环节。这样，就使得生产到管理到销售整个供应链环节都能更加紧密地联系在一起，使得生产效率和利润大幅度提升。

另外，再从影视行业来看，很多电影票房大卖，也是与大数据有直接关系的，例如，《小时代》连拍了 4 部，每部都能够获得高票房，关键是片方明白一个道理：营销电影需要策略，需要精准的市场打法，这正是大数据带来了精准化营销，《小时代》系列才能够屡创票房新高的原因。《小时代》的投资方乐视影业在进行投资前，就已经对同名原著在网商的点击量、读者的身份特征等数据进行了调查并进行分析和整理，将观众分成了核心圈、第二圈、第三圈 3 个部分；此外，还对以往观众对同类影片播放后的反映等做了数据分析。最后，乐视影业利用所用调查、分析、整理出来的数据说服了院线排片。

由此可见，在这个万物数据化的时代，整个商业也被数据代表了。

1.2　数据最有话语权，无数据不营销

在以前，我们想方设法地想得到数据，如今数据无处不在，一些表面看似无关紧要的数据，一旦将其串联起来，就能带来巨大的商业价值和展现魅力。更重要的是，在过去，我们是有需要的时候才会想起用数据来论证方法的可靠性、

可行性，而如今我们可以利用数据对未来可能发生的事情进行预测，这正体现了数据的权威性，也使得数据成为最有话语权的"权威者"。数据可以说在任何一个领域都具有极高的话语权，尤其是商业领域，可谓是达到了无数据不营销的境界。

我们来看一下数据话语权在商业营销中心的应用价值。

1.2.1　对用户群体进行细分

通常，企业在进行营销的时候都会将用户群体按照其属性、行为、需求、偏好、价值等进行细分，并根据不同用户细分的特点提供有针对性的产品、服务和销售模式。然而，这些用户群体细分也都与数据有关，数据决定了细分类型。

我在日常的工作中发现，利用数据细分用户，站在数据挖掘的角度来看，可以将细分过程分为事前和事后两部分。所谓事前数据挖掘实际上就是对目标值的预测，而事后数据挖掘则是发现未知领域或具有不确定性的目标。事前常用的算法有决策树[①]、线性回归[②]，事后常用的算法有聚类分析[③]、对应分析[④]等。

利用大数据进行用户细分的步骤具体如图 1-1 所示。

（1）**用户特征细分**。将用户按照特征细分，要充分掌握每个用户的社会和经济背景相关的数据信息，包括所处区域、年龄、性别、经济收入、受教育程度、个人生活形态、购买动机、品牌忠诚度等方面的数据；然后根据所收集到的数据进行分类和整合，实现用户特征细分。

[①] 决策树（Decision Tree）是在已知各种情况发生概率的基础上，通过构成决策树来求取净现值的期望值大于等于零的概率，评价项目风险，判断其可行性的决策分析方法，是直观运用概率分析的一种图解法。

[②] 线性回归，是利用数理统计中的回归分析，来确定两种或两种以上变量间相互依赖的定量关系的一种统计分析方法。

[③] 聚类分析的目标就是在相似的基础上收集数据来分类。

[④] 对应分析也称关联分析，是近年新发展起来的一种多元相依变量统计分析技术，通过分析由定性变量构成的交互汇总表来揭示变量间的联系。

（2）**用户价值区间细分**。每个用户都可以给商家带来不同层次的价值，有的用户可以持续不断地为商家带来巨额利益，而有的用户则可能价值贡献极小。因此就要根据用户的消费情况，如用户影响力、用户利润贡献、用户忠诚度、推荐成交量等各方面的数据，通过分析之后来细分用户价值区间，例如，将用户分为大用户、重要用户、普通用户、小用户等，从而锁定高价值用户，达到让 20% 的用户产生 80% 的利润的目的。

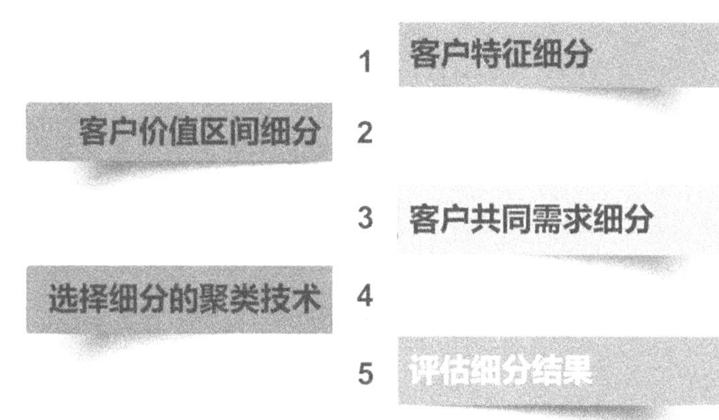

图 1-1　利用大数据进行用户细分的步骤

（3）**用户共同需求细分**。将用户进行细分之后，将最有价值的用户作为最终的目标用户，然后收集这些用户的需求数据，并进行归纳，以用户需求为向导来精确定义业务流程，为每个细分市场提供更加能够满足用户需求的营销组合方式以及产品。

（4）**选择细分的聚类技术**。企业根据不同的数据情况和需要，在进行用户细分的时候选择不同的聚类算法，常用的聚类算法有神经网络等。对收集到的数据进行转换，使其能够支持数据模型的格式，通常将这个过程称为数据的初始化和预处理。

（5）**评估细分结果**。在对用户进行细分之后，并不是所得到的每个细分群体都是非常有价值的群体，这时候就需要对其分别进行检测，检测的主要目的包括：业务相关性是否极高？可理解性是否容易特征化？是否利于开展独特的宣传活动？等等。

大数据可以帮助企业有效地进行用户细分，之后对每位用户进行量体裁衣，提供有针对性的产品和服务，这是能够提高企业精细化营销的有效途径。

1.2.2　模拟实际环境

大数据可以用来模拟实际环境，从而更好地发掘用户新的需求和提高企业投入的回报率。现在，很多企业在生产产品的时候都会装有传感器，利用虚拟与现实相结合的方式模拟实际环境、感知用户需求以及自然技能等。自然技能实际上就是人的头部、眼睛、手或其他部位的动作，由计算机来处理与参与者的动作相对应的数据，并对用户的输入动作做出实时响应，将数据分别反馈给用户的感觉器官。

当前，美国已经在这方面取得了非常可喜的成绩。美国正在利用大数据技术来模拟、解读并且有效演示气候的变化情况。大数据在气候方面的研究领域，主要是借助传感器（包括太空中的遥感卫星和地面传感器）来收集大量的数据信息来实现的。利用这些传感器可以为气象中心实时提供地球上的天气、植被、海洋、冰层、降水、风力等许多变量信息。之后通过对这些数据建立仿真模型，利用仿真模型来预测未来的天气情况，甚至可以预测到未来几十年到几百年的气候情况。利用这种基于大数据信息的仿真模型，可以达到很高的垂直分辨率，这也就意味着可以在大气层中进行更多的建模，同时，如果出现预测偏差，还可以在几分钟或者几小时内做到准确修复和矫正，并且利用大数据的可视化效果通过图像的方式呈现给观众。

利用大数据来模拟实际环境，与传统的产品生产有以下的本质区别，如图 1-2 所示。

（1）**多感知性**：除计算机通常所具有的视觉感知以外，大数据还赋予了听觉、触觉、运动、味觉、嗅觉等诸多方面的感知功能。

（2）**存在感：**在模拟用户实际购买使用的环境中，能够真真切切地感受到用户的存在，并达到了真假难辨的程度。

（3）**交互性：**模拟用户在使用产品的环境下，产品的可操作性可以在模拟环境中得到反馈。

（4）**自主性：**模拟环境中的产品按照现实世界的情况来自主运作。

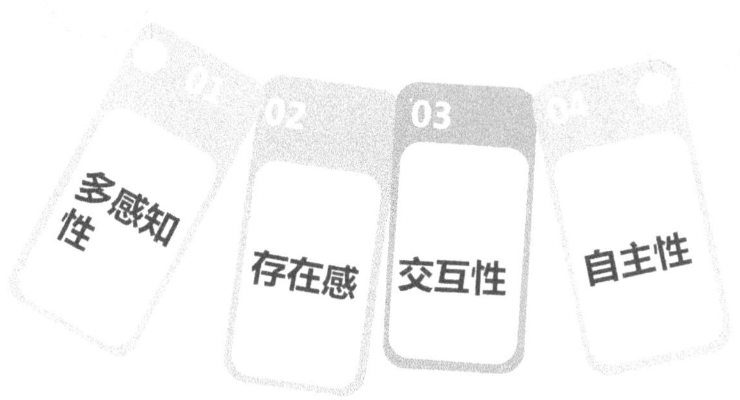

图 1-2　大数据在模拟实际环境中的应用特点

基于大数据的作用，这些特点在模拟实际环境中更加凸显。大数据在模拟产品运营的不同阶段都有所应用。

首先，在产品设计阶段，为了让产品更加符合消费者的需求，企业通常会收集产品使用情况和用户反馈数据，然后将产品放在模拟实际环境中，结合收集到的数据进行观察和分析。这个模拟环境就是利用大数据搭建的，通常借助头盔显示器和数据手套等与产品进行交互。这样就可以通过用户反馈的数据明确了解真正的需求，从而发现不足之处，再进行修改和完善，使产品达到最优化的效果。

其次，在制造设计阶段，通过计算机中收集的数据来模拟产品的装配过程，对装配结果数据进行对比分析和评估，模拟装配代替了实物装配，有效地完善了产品装配的工艺，与此同时也缩短了产品研发的周期，避免了原材料的浪费，降低了研发成本。

再次，在产品测试阶段，在模拟实际环境的情况下，产品的测试不需要在生产实体模型后进行测试，而是在产品开发的不同阶段就可以对数字化产品进行测试，从多层次、多角度对其进行数据测试和修改。

最后，在产品推广运营和用户体验阶段，利用模拟网购与产品推广运营以及用户需求数据相匹配，检测产品是否能够达到用户的预期。

自我国《中国制造 2025》战略颁布以来，全国加大了仿真技术在生产制造中的应用。因此，仿真技术也成为当下工业制造智能化、信息化转型过程中的首个创新体现。仿真技术为验证产品质量方面提供了方便。产品质量直接影响产品使用的安全性，更会影响到用户的人身安全，因此，诸多产品设计都会在安全方面进行认证。在汽车进行正面撞击实验的过程中，为了极大地降低试验成本，通常要用到仿真技术，如通过 C-NCAP 100% 正碰分析、C-NCAP 40% 偏置碰分析、追尾碰撞分析、行李位移乘员防护装置性能分析等来模仿整个实验的过程，以获得真实、精准的数据，进行查漏补缺。这样既省去了物理样机测试所需的物质和时间成本，又能够优化生产流程，极大地提高生产效率。

大数据时代，企业生产运营方式发生了巨大的改变，数据的模拟实境在产品设计、生产规划、生产实施、用户体验等各个环节，都是按照用户需求数据有所应用，一方面可以通过模型模拟来判断不同变量的情况下何种方案投入回报最高，另一方面也充分体现了用户需求数据的最高话语权，体现了现代企业无数据不营销的特点。

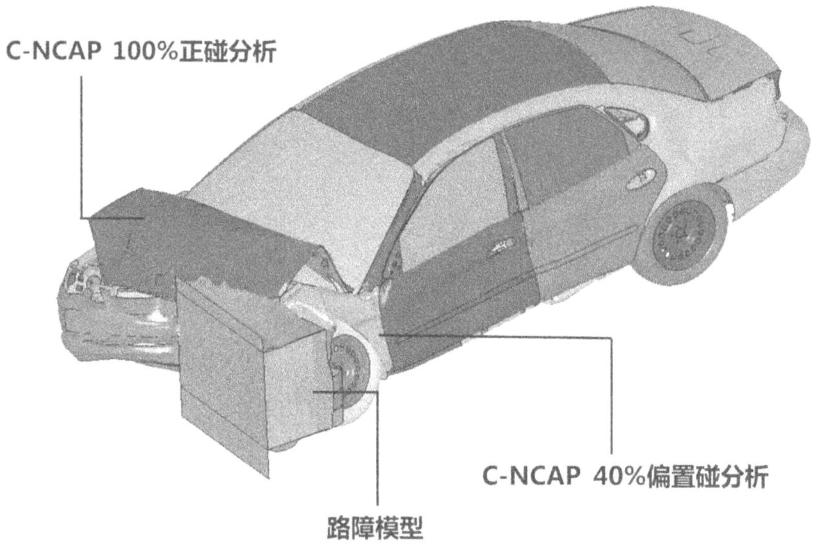

1.2.3　提高回报率

在商业运营中，企业利用大数据在各个部门之间进行分享，还可以提高整个管理链条和产业链条的投入回报。大数据分析能力强的部门可以通过云计算、互联网和内部搜索引擎，把大数据成果与大数据分析能力比较薄弱的部门分享，帮助其利用大数据分析技术创造更大的商业价值。

2015 年 9 月，全球领先的大数据分析和营销应用服务供应商 Teradata 公司联合麦肯锡公司发布了一项全球性报告，该报告深入揭示了当前六大行业大数据分析计划的实施情况，并且清晰地展现出大数据计划对企业文化与实践的影响，揭示该大数据计划所面临的挑战，更重要的是对大数据投资的商业价值给予了极大的肯定。该报告是通过用《福布斯观察》设计的问卷调查的方式，面向全球领先企业的 316 位数据分析师以及 IT 高级决策者进行调查得出的结论，这些受访者中绝大多数人对大数据分析不仅进行了大量的投资，而且从中获益显著，即获得了极大的投资回报。在所有的大数据投资类型中，大约 90% 的企业投资达到了中高级水平，大约有 1/3 的企业认为他们的投资是非常有必要和重要的。另外约 2/3 的受访者认为大数据分析计划已经对企业营收产生了重大的实质性影响。

的确，我根据在这方面的调查，发现大数据分析技术帮助企业逐步实施大数据项目的影响力是显而易见的，也是让人振奋的。企业对大数据分析技术进行投资，所获得的实质性影响是非常巨大的，因此获得的回报也是相当可观的，可以说大数据分析是企业获得竞争优势最重要的一条途径。

数据微观察

《福布斯观察》杂志社是福布斯传媒（Forbes Media）旗下的战略研究和思想领导力实践部门。该杂志以及 Forbes.com 网站所涵盖的福布斯综合媒体资源每月能够为覆盖全球大约 7500 万商业决策者提供建设性服务。《福布斯观察》利用福布斯社区的高管专属的数据库，面向全世界的企业高管、资深营销专家、小企业业主以及有志成为领导的人们，对他们所关注的诸多具有研究性的话题，以及与财富创造和管理相关的问题与趋势等全方位展开思想洞察。

但是，要想通过大数据获得最大的回报率，还需要做到以下 4 点，如图 1-3 所示。

首先，高层的全力支持是至关重要的。 高层是否支持企业利用大数据分析技能来提升回报率，在整个企业的发展过程中起到决定性作用。没有高层的资金和技术支持，很难扫清障碍以及获得企业竞争优势，回报率更无从谈起。

其次，聘请有经验的大数据专家。 目前，数据科学家是非常短缺的，企业要想从大数据分析着手、发掘大数据的巨大商业价值，离不开数据科学家的帮助，因此，聘请有经验的数据科学家是企业提升回报率非常有必要的一步。

再次，技术要达到成熟阶段。 当前，大数据分析还处于初级阶段，只有训练有素的数据科学家大力研发大数据分析技术，企业才能更加灵活地运用数据解决更多的问题。

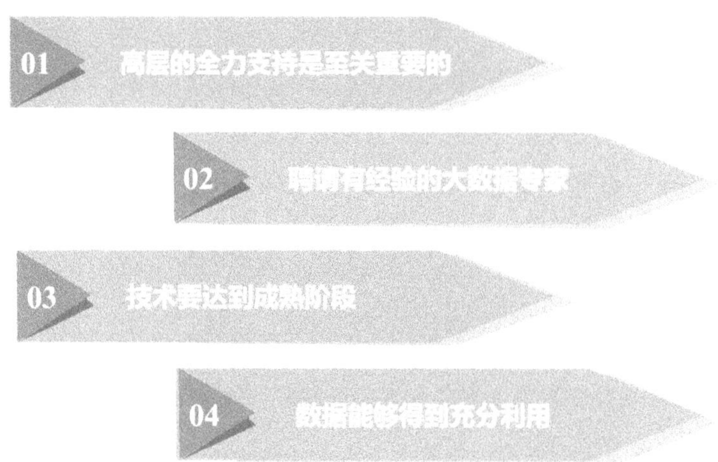

图 1-3　大数据获得最大回报率的 4 点要求

最后，数据能够得到充分利用。很多企业在投资大数据项目的时候，并没有结合特定的、可预见的业务应用，从而使得 IT 部门积累了大量数据，这些数据中有很多是可以帮助数据科学家和商业分析师为企业服务的，然而却被闲置，没有起到其应有的作用。

小米是一家基于大数据的互联网企业。小米在整个运行过程都离不开大数据的支持，一方面，小米董事长雷军非常重视大数据的使用，全面支持企业运转的每个环节充分利用大数据的价值，在产品研发之前就对粉丝需求数据进行全方位的收集，并经过分析、整理，按照粉丝需求数据进行生产，尽全力将产品做到极致美。不但如此，小米还聘请了专业的数据分析师，对当前的用户需求、市场走向、竞争者动态等进行全方位的数据收集，为企业制定具体的、精准的营销决策打好基础。这也是小米能够从起步晚的智能手机行业中一跃而起，成为当前国内首屈一指的企业，并成为众多企业效仿的典型代表。

小米的成功源于其对大数据的充分利用，将大数据的价值最大化地应用于企业的发展过程中。如果能够像小米这样做到以上几点，并正确运用大数据分析技术，企业获得巨大回报率则是轻而易举的事情。

1.2.4　管理用户关系

一个企业，尤其是一个刚走上创业道路并初入正轨阶段的企业，如何才能提高其现有用户的价值，如何做好用户人文关怀、留住用户、提高复购率、争取老用户、发展新用户、培养和管理忠诚用户，这些都是企业管理者非常关注的问题，解决这些问题的关键就是用户关系管理。

大数据具有 4 个特点，简称 4V，Volume(大量，数据体量巨大，计算量也大)、Velocity(高速，数据收集、处理、分析的速度非常快)、Variety(多样，数据来源多样，包含多种类型数据)、Value(价值，数据价值密度低，整体价值很高)，如图 1-4 所示。

图 1-4　大数据的特点

我们不妨先看一些与大数据和用户关系管理有关的实例。

比萨店在用户要求购买海鲜比萨的时候，店主会根据用户以往的用户体验、家庭情况、个人收入等诸多方面的数据进行分析，然后为用户倾情推荐一款更加符合用户需求的小一号蔬菜比萨，这款比萨得到了用户的极大认可，比萨店的服务也得到了极大的夸赞。

沃尔玛通过对数据的挖掘，发现了一个惊人的现象，那便是，尿不湿和啤酒两个看似没有任何关系的两种商品之间其实存在着十分微妙的紧密关系：太太让先生去超市给孩子买尿布的时候，先生会顺便去买两瓶啤酒来犒劳自己。这就将尿不湿和啤酒的关系体现了出来。

这两个例子虽然是老生常谈了，但却极具代表性。从中我们不难发现，运用大数据管理用户关系，最重要的就是数据统计分析。

基于用户关系管理的数据分析，可以帮助企业实时处理数据、预测分析、指导下一步决策，让企业更加了解用户需求、识别和利用有利的商业机会，提高产品决策的效率，从而能够更加贴合用户的需求，赢得用户的芳心。但是，在利用数据分析进行用户关系管理的时候，需要注意以下几点。

首先，建立全面、准确的数据库。仅仅知道用户的姓名、联系方式是远远不够的，这只是用户信息的皮毛，要想深知用户需求，还需要全方位挖掘用户的购买喜好、购买习惯等各方面的数据，全面、准确地进行细分，将细分后所得的数据整合起来，建立起庞大的用户数据库。这样就方便企业更加容易地管理用户关系。

其次，实现精细化管理。企业精细化营销的重要环节之一就是精细化管理，如果能够借助用户关系管理，让用户的每一个需求和问题都能够很好地解决，对每一个数据都能分析彻底，保证对每一位用户服务到家，那么企业精细化运营自然水到渠成。

最后，挖掘更有价值的数据。对数据进行深入分析的目的是为了建立更具指导意义的战略活动，以及获得更有价值的数据信息。利用用户关系管理系统来挖掘有价值的数据，企业可以利用这些数据提升产品质量、服务效率，从而让更多的创新产品满足更多用户的需求。

基于用户关系管理的数据分析，在企业运营中的话语权也是不容小觑的，充分利用数据分析技术实现企业高效运营，是企业获取财富的有效手段。

1.2.5　个性化精准推荐

通常，运营商内部会根据收集的用户个人喜好数据信息，来推荐相应的产品、业务、服务等，这就是我们这里讲的个性化精准推荐。

个性化精准推荐概括起来就是通过寻找"人—场景—商品"这 3 个维度的相关性，并以此来提供"人—场景—商品"的最佳组合。

大多数人认为，个性化精准推荐就是细分市场和精准营销，但我在这里告诉大家，实际上并不是如此，细分市场和精准营销虽然可以将潜在用户分为多个群体，与传统的毫无目的性地给用户推荐产品、服务等相比较，的确是进步了很多，但是这并没有真正达到给用户量身定做的目的，因此，可以说，个性化精准推荐是细分市场和精准营销的极致。

通常，个性化精准推荐可以分为两类，一类是基于内容的推荐，另一类是协同过滤的推荐，如图 1-5 所示。

图 1-5　个性化精准推荐的类型

1. 基于内容的推荐

简单来讲，基于内容的推荐就是通过机器学习产生相应的规则模型，然后利用模型来预测用户在特定场景下对商品的偏好程度。该方法的主要理论依据是信息检索、信息过滤。例如，在电影推荐中，基于内容的推荐首先分析用户曾经看过的、打分比较高的电影的共性，包括演员、导演、剧情类别等，之后再为这些用户推荐与其感兴趣的电影内容相似度极高的其他电影。

首先，要根据统计的相应的内容材料，确定样本集的正例和负例。

例如，如果想给用户推荐电影《寻龙诀》，就要先确定哪些人是看过《寻龙诀》的，这些人即是正例；哪些人是没有看过的，这些人是负例。

其次，要利用学习算法，通常用到的基于内容的推荐的学习算法有：决策树算法、线性分类算法等。在使用学习算法的时候，要根据相应的数据特点和商业场景需求来定。

以决策树算法为例。决策树顾名思义就是以树形的方式建立模型，通过对对象属性和对象值之间的映射，在树上的每个节点上对该对象进行判断，其分支表示符合节点条件的对象，树叶节点则表示对象所属的预测结果。

图 1-6 是一棵用来预测贷款用户是否具备贷款能力的决策树。从图中，我们可以看出，贷款用户的属性主要有 3 个：是否有房、是否结婚、月均收入。每一个内部节点都表示一个属性判断条件，叶子节点则表示该用户偿还贷款的能力。例如，用户 A 没有房，没有结婚，月均收入为 5500 元，利用决策树来判断，用户 A 符合右侧分支（拥有房产为"否"）；接下来判断用户 A 是否结婚，用户 A 符合左侧分支（是否结婚，为"否"）；最后判断月均收入是否大于 5000 元，用户 A 符合左边分支（月均收入大于 5000 元），因此，可通过一步步推测，判断用户 A 具有偿还贷款的能力。

最后，要确定模型的特征变量。这就得先从每一个场景下的商品中提取相应的特征数据，再统计样本中每个人对于场景中的商品的喜好程度，来向用户进行推荐。

大悦城里有许多产品，包括服装、包包、鞋子等，那么每个店铺所提供的数据资料，包括用户交易量、购买量、进店浏览量等，形成了庞大的数据阵型。

对影响店铺商品销量高低的因素进行分析，发现女性服装、包包、鞋子的销量均超过男士服装、包包、鞋子等的销量，并且这些服饰、包包、鞋子大多属于韩国品牌，而经过收集和分析所得到的销量数据以及产品品牌数据就是大悦城商品销量的特征数据。接下来对进入大悦城的用户进行样本调查，通过分析这些样本用户对于大悦城中某件或某些、某类商品的喜好程度，然后结合大悦城的整个店铺商品的销售场景，为进店的女性用户提供韩国类品牌的服饰、包包、鞋子方面的推荐，可以让更多的女性消费者能够及时、快速地找到自己所需要的商品。

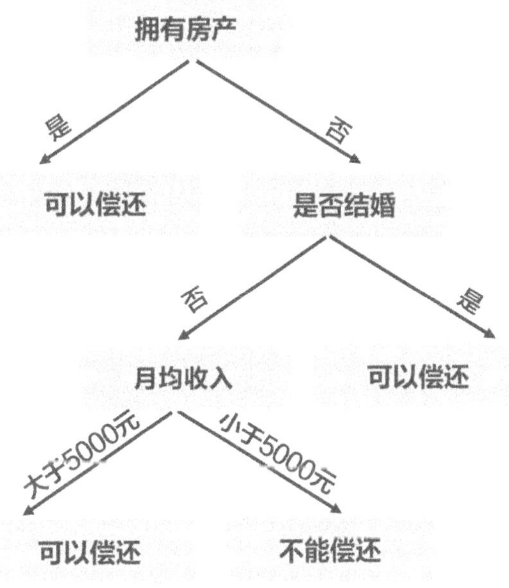

图 1-6　贷款能力预测

这种推荐方法可以应用于不同场景中，针对不同商品构建不同的模型，从而判断用户属于哪个商品的目标用户，进而可以判断其需求，对其进行个性化精准推荐。

2. 协同过滤

协同过滤是个性化精准推荐中的另一种方法，也是当前全球炙手可热的一

项技术。协同过滤实际上是通过分析用户的兴趣，在用户群中找到与指定用户具有相似兴趣的用户，综合这些具有相似兴趣的用户的某一信息评价，形成系统对该指定用户对此信息的喜好程度预测。

（1）基于用户的协同过滤

这种过滤要求要有足够的用户社会属性数据。基于用户的协同过滤推荐的原理是根据所有用户对某件商品或物品的喜好程度，发现与当前用户口味和偏好相似的"邻居"用户群。通常，该种推荐的计算是采用"K邻居"法，然后基于K邻居的历史编写好信息，对当前用户进行推荐。

假设有甲乙丙丁4个用户；共有5件商品：A、B、C、D、E。用户与物品之间的关系如表1-1所示。

表 1-1　用户与物品之间的关系

用户	用户喜欢的商品				
	A	B	C	D	E
用户甲	√	√	×	√	×
用户乙	√	×	√	×	×
用户丙	×	√	×	×	√
用户丁	×	×	√	√	√

为了便于分析用户之间的相似度，以及方便计算，通过了建立物品—用户倒排表，如表1-2所示。

表 1-2　物品与用户之间的关系

用户喜欢的商品	用户	
A	甲	乙
B	甲	丙
C	乙	丁
D	甲	丁
E	丙	丁

从上表中我们看到，用户甲与用户乙同样喜欢商品 A，用户乙同时也喜欢商品 C，那么基于这样的用户关系，我们就可以推断用户丁很可能也喜欢商品 C，这时候，我们就可以为用户丁推荐商品 C。

小甲对于电影《寻龙诀》没有任何相关数据信息，然而通过推断就可以找到与小甲社会属性相似的小乙，根据对小乙对《寻龙诀》的偏好程度，可以对小甲偏好《寻龙诀》的程度进行预测。

（2）基于物品的协同过滤

这种过滤通常应用于电商业务中。

基于项目的协同过滤推荐其实和基于用户协同过滤推荐的基本原理有些类似，只是前者讲的是利用所有用户对物品或者信息的偏好，发现物品与物品之间的相似性，然后根据用户的历史偏好信息将类似的物品推荐给用户。具体原理如图 1-7 所示。

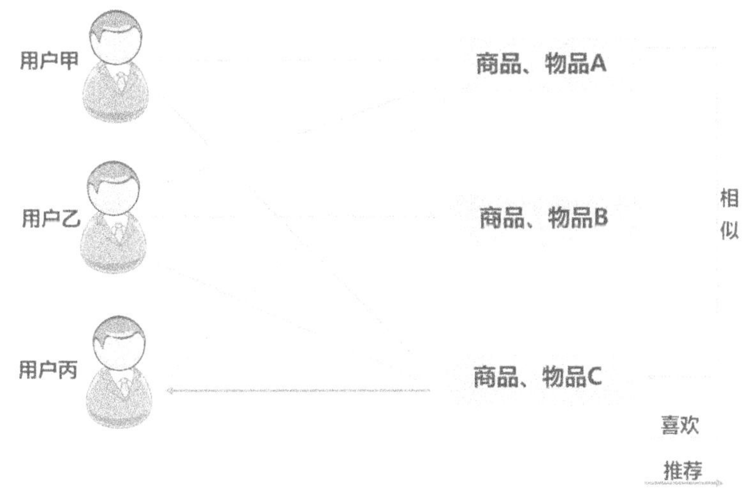

图 1-7　基于项目协同过滤推荐的基本原理

说明：假设用户甲喜欢物品 A、物品 C，用户乙喜欢物品 A、物品 B 和物品 C，用户丙喜欢物品 A，从 3 位用户的历史喜好可以发现物品 A 和物品 C 有一定的

相似性，喜欢物品 A 的用户都会喜欢物品 C，根据这些数据推断出用户丙很有可能同样喜欢物品 C，因此就将物品 C 推荐给了用户丙。

小甲和电影《寻龙诀》没有任何相关数据信息，然而通过利用数据分析可以找到与《寻龙诀》具有相同或相似特征的电影《盗墓笔记》，根据收集到的小甲对于《盗墓笔记》的偏好程度，来判断小甲对于《寻龙诀》的偏好程度。

所以说，为用户推荐什么，如何实现个性化精准推荐，还得数据说了算，这也是当下企业、商家营销的特点。

1.3　数据分析决定和改变企业命运

企业在运营的过程中，每天都会产生巨量的数据，这些数据虽然看上去并没有任何关联，但实际上却有着深层次的密切关系，这些数据对于企业的经营管理、发展决策等都有十分重要的作用和意义，可以说，这些数据可以决定并改变企业的命运。

1.3.1　数据分析决定企业命运

大数据时代的到来，使得数据分析成为企业运营的重要内容，数据分析对于企业经营管理所发挥的巨大作用和价值是不可小觑的，如图 1-8 所示。

图 1-8　数据分析决定企业命运

1. 数据分析发挥监督作用

每一个企业在运营过程中都会产生大量的数据，如果能将这些数据收集起来，并全面、准确地进行分析，就可以根据其中有价值的数据了解市场和自身的经济运营情况及态势。熟悉数据的口径范围、来龙去脉，可以更好地监督检查和了解企业运营政策的实施情况，可以监督发展规划和生产经营的完成情况，以及生产经营责任制和各项重要经济指标的完成情况等。当然，要想充分发挥数据的监督作用，关键还是要通过数据分析来实现。

隆力奇公司在生产过程中对大数据监督作用的发挥可谓是到了极致。隆力奇公司采用的是多渠道的智能订单管理系统平台，可以实现实时抓取数据，直接导入并高效地集中和处理海量多源订单，进入系统后可以将订单进行合并处理，也可以将订单拆分进行逆向操作。将订单合并的好处是可以使得生产计划、物料需求等有一个很好的规划，并且可以有效地提高生产效率。

另外，隆力奇公司通过设备的传感器将日常设备运行过程中所产生的数据进行实时显示，如果与预先设置好的参数有所不同，系统就会发出警报，便于操作人员进行维修。

不但如此，对于在线质量监控，隆力奇公司利用称重式灌装监测、360 度视觉监测系统等对产品进行严格质检，如果发现成型产品与预期产品数据不相匹配，没有达标，设备将会对其进行自动剔除，与此同时还会将该时段的次品率记录在案，又便于管理者定位监控重点，进一步提高产品质量。

2. 数据分析实现企业管理科学化

很多商业活动，看上去是杂乱无章的，但是看事情不能只看表面，要深入本质观察其内在特点，这样就必然会发现这些杂乱背后其实有非常规律的运作和发展。在新的经济体系下，大数据充斥着整个企业运营过程，企业经济从结构的变革到经济效益的提高其实都是有规律可循的。这时候，数据分析就在企业发展中派上了用场，企业可以利用其自身丰富的数据优势，分析研究，可以透过现象深入本质来发现管理中的不足之处，进而加以改进和完善，从而有效提升管理水平，实现企业管理的科学化。

　　京东通过对各个购物频道上的交易数据、出入货数据、逆向物流数据、用户浏览日志等数据全面进行收集，并将这些数据全部汇集起来，建立了自己的大数据平台。京东的这个数据平台可以支持不同的数据集市，分布式数据集市就是其中一种。该数据集市①在汇总、存储、查询等任务上形成大数据分析层，主要针对风控、精准营销、运营优化等方面建模，利用这些模型来进行管理，实现了企业管理的科学化。

3. 数据分析有利于制定重要决策

　　通过对数据进行分析，企业就可以判断前期经营过程中哪些投资没有获益，属于浪费掉的投资，这样就可以帮助企业更好地增加营收额或者降低成本，从而使得投入产出比达到最优化。企业利用数据分析可以制定出更加明智的决策，即将数据转化为信息，通过对信息进行分析从而获得独到的见解，制定出可以对企业商业业绩的策略和行动计划产生巨大影响的决策。

　　宝洁公司的决策层和销售部等都有对应的商业智能负责人来负责相应的数据分析，决策层和相关部门根据分析结果制定出相应的策略，按照策略严格执行。如决策部在对数据进行分析并和总裁定期通过邮件、会面、电话、会议等方式进行沟通之后，会根据总裁提出的问题向总裁提出最佳的执行方案，并按照方案步骤严格执行；根据执行效果对执行方案进行不断的完善和改进，从而保证公司运行处于最佳状态。

　　总之，对于一个企业来讲，良好的运营机制离不开监督、管理和决策，这三方面决定企业的发展命脉。当下是大数据时代，企业的监督、管理、决策也

---

① 数据集市（Data Mart），也叫数据市场，是一个从操作的数据和其他的为某个特殊专业团体服务的数据源中收集数据的仓库。

都与数据息息相关，也正是基于良好的数据分析，这三者才能够更好地为企业服务，决定企业的发展方向。

1.3.2　数据分析改变企业命运

我们都知道，商业活动中，最重要的问题就是了解用户需求的问题。只有深入了解用户需求，才能更加贴近消费者，对消费者需求进行高效的判断。

传统企业是如何了解用户需求的呢？以服装销售企业为例，想要获得用户的购买意愿，往往统计哪件衣服是用户关注最多的，哪件是用户试穿次数最多的，通常是通过安装摄像头并进行样本选择的方式来进行。这样的方式既耗时又耗费资金，获得的结果还不一定准确。

互联网盛行的大数据时代，所有这一切都不一样了，获取用户需求就成了轻而易举的事情。企业可以通过互联网在搜索引擎中对用户在网页的停留时间、点击次数、收藏品类、成交次数，以及购物车商品的类型等数据加以收集，同时对所有样本进行分析，可以近乎零成本地达到预想的目的，如图 1-9 所示。数据是最有说服力的，所以所获得的用户需求也必然比传统方式更加精准。

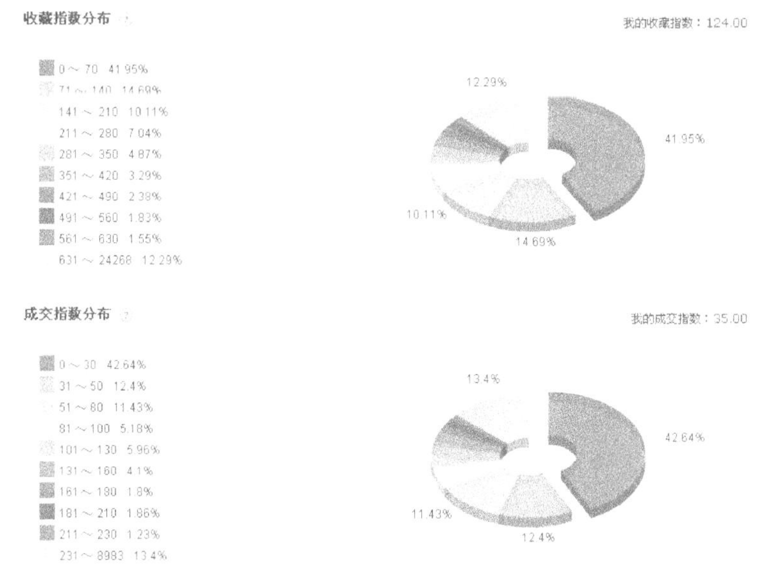

图 1-9　用户收藏和成交指数

不言而喻，长此以往，传统的获取用户需求的方式必然会导致企业判断偏差加大，进而做出并不适合企业发展的市场运营决策，最终在巨大市场的激烈竞争中一步步被淘汰。然而利用大数据预测消费者需求，则结果大不相同，可以说，大数据在很大程度上决定了企业的命运。

诚然，在这个优胜劣汰的年代，过去曾经是第一，并不代表企业永远能够独领风骚。

诺基亚公司就是一个例子，诺基亚公司在几年前还是全球手机行业中的佼佼者，然而在 2013 年上半年的时候，一份数据报告显示，各公司在市场中的份额是三星为 22.5%、联想为 10.7%、华为为 9.9%、酷派为 9.5%、中兴为 8.9%、苹果为 7.7%、诺基亚为 3.1%。到了 2013 年 9 月，诺基亚公司轰然倒下，在手机市场上消失得无影无踪，一个重要的原因就是诺基亚公司忽略了数据及其应用的重要性。虽然诺基亚公司曾是手机市场中的霸主，但是固守功能、不加思变，忽视向数据业务和智能化的转型，最终日渐式微，消失殆尽。

放眼望去，诺基亚公司可谓是被大数据打败的巨头，然而诺基亚公司并不是第一个也不是最后一个，爱立信、惠普等诸多曾经硬件过硬的手机品牌都毁于对大数据潮流的迟钝。因此，传统企业利用大数据转型才能扭转被淘汰的命运。如今，诺基亚公司将重新审时度势，抓住时机重新布局大数据，以期重返市场。

无独有偶，2013 年 1 号店也遇到了企业业绩下滑、生存岌岌可危的困局。随后 1 号店对众多细节一进行排查，最终找到了问题的根源。1 号店领导层从购物车产品数量增多到购买产品数量减少的情况中发现了两者之间的相关性。借着大数据，1 号店已经收获不少。例如，1 号店已经在帮商家分析商品之间的相关度，并以之为依据制定营销策略；1 号店发现当可口可乐和奥利奥之间的相关度特别高的时候，就可以推荐商家做联合营销。如今，1 号店已经能够完全掌握大数据的采集、分析、整理、处理技能，建立起了属于自己的数据库，并建立了自己的商业智能团队，通过建立用户的行为模型，为用户提供更加精准化的服务，如图 1-10 所示。如今 1 号店已经成为当前大数据营销企业中一颗光华耀眼的明珠。

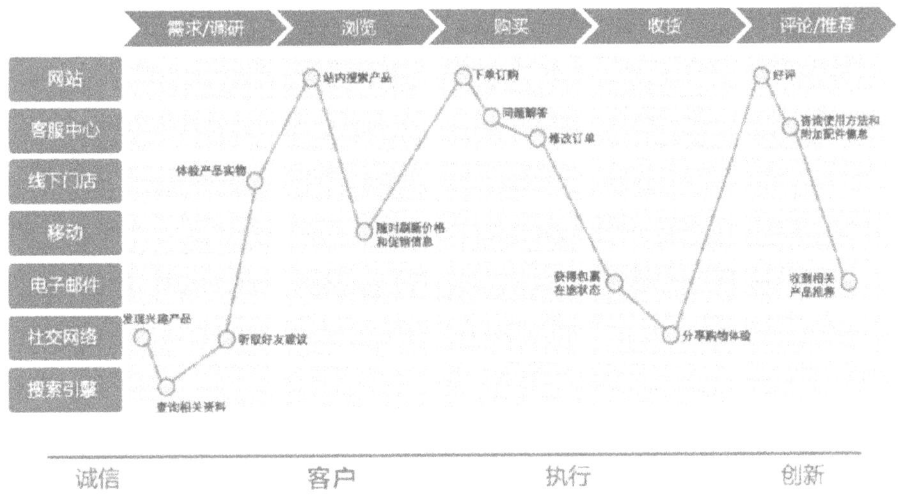

图 1-10　1 号店大数据云平台

由此可见，数据分析犹如一颗起死回生的良药，企业唯有充分、灵活地利用大数据的思维、价值，才能够改变企业的发展命运，并撬动企业优势，进一步提升市场竞争实力。

1.4　一场数据变革带来一次财富聚集

人类每一次文明的跃迁都会带来一场巨大的变革，进而会带来一次财富的聚集，因而，人们追逐财富的脚步从未停止，这也正成为人类文明跃迁的驱动力，成为巨大变革发生的原动力。

如今，随着时代的发展，人类经济已经发展到了信息技术的创新时代，由此带来的巨大社会影响，已经使得人类科技的焦点不再是传统工业，而是转向信息技术，因此整个世界的风向标从原来的物理维度转向了数字维度，而大数据则是商业变革中的关键所在。大数据所蕴含的巨大潜在价值将在商业模式和决策上掀起一股商业革命的飓风，由此也会带来一次巨大的财富聚集，如图 1-11 所示。

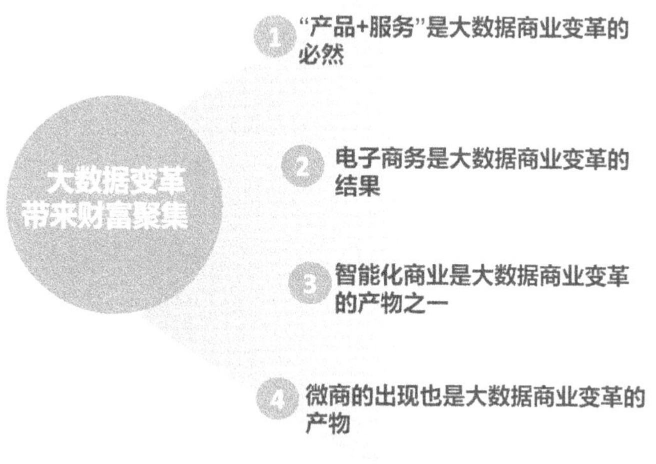

图 1-11　大数据变革带来财富聚集

首先，"产品＋服务"是大数据商业变革的必然。在大数据时代，传统的商业模式将被个性化商业模式所取代，这是未来商业发展的必然趋势。个性化商业模式的基础就是大数据应用，未来商业的发展方向必然是"产品＋服务"模式，通过对可流转性数据以及消费者行为以及个人偏好的数据进行分析，从而挖掘每一位消费者的不同兴趣和爱好，进而提供专属于消费者的个性化产品和服务，这将代表着一种全新的财富聚集方式，即"产品＋服务"。

其次，电子商务是大数据商业变革的结果。电子商务是传统商业活动电子化、网络化的结果，它的发展必然离不开信息网络技术手段的支持。计算机的出现，使原来存储成本较高的局面得到了扭转，因此，中小微企业也有了利用

IT 技术来挖掘、收集数据的能力，并且可以将数据分析技术运用于电子商务活动过程中，这也正是诸如淘宝、京东、亚马逊、当当网等诸多电子商务网站不断涌现的重要原因之一。基于大数据的挖掘、收集、分析、整合等技术，电子商务能够更加精准地、动态地了解用户需求，并且有针对性地给用户提供更加准确的推荐信息，让用户的产品和服务需求的满意程度达到最大化。

纵观天猫每年的销售额：

2009 年，天猫销售额仅为 0.5 亿元；

2010 年，数字提高到了 9.36 亿元；

2011 年，"双 11" 的销售额达到了 33.6 亿元；

2012 年，交易额一跃为 191 亿元；

2013 年，交易额突破了 352 亿元；

2014 年，交易额又到了一个全新的高度，为 571 亿元；

2015 年，飞跃到了更高一层，为 912 亿元。

交易额涨幅越来越明显的原因就在于，淘宝拥有的大数据分析平台对淘宝的发展起到了巨大的推动作用。正如马云所讲的："做淘宝不止卖货，而是为了获得更多的数据。"其实，也正是淘宝拥有的庞大数据资源成就了每年"双 11"惊人的交易额。

再次，智能化商业是大数据商业变革的产物之一。智能化商业在商业系统的基础上实现了智能化，但是，归根到底，智能化商业时代是基于企业即时数据管理的时代，智能化商业时代是离不开数据支撑的。数据全面而系统、动态而即时，企业可以及时评估团队乃至职业经理人的工作方向及状态，通过智能手机，不受时间、空间的限制，可以随时调阅企业的运营数据，甚至可以利用一部手机对任何一个店面进行巡视，因此使得生意尽在"掌"中。智能化商业系统在本地化、动态商业数据的基础上形成了数据链信息，可以通过数据信息的支撑，高效地反向倒推管理生产、重构产业轴线，因此，大数据是智能化商业经济增长的巨大原动力。

最后，微商的出现也是大数据商业变革的产物。微商的背后其实是大数据在统筹全局。在这个大数据爆炸的年代，微商数量井喷。很多微商只争朝夕，完全将长远利益视而不见，对于这类微商而言，他们没有聘请第三方帮助进行数据管理，更没有掌握每次交易背后所产生的数据的价值和意义，因此，这些微商的命运必将是短暂的、朝不保夕的。但那些能够将目光放得长远一些的大规模微商，则更加注重大数据的统筹。

一方面，通过会员行为数据分析，生成报表，实现精准营销。消费者不论是利用 APP 还是微信购物，从浏览到交易结束都会产生大量的数据，这些数据有利于微商从各个细枝末节清楚地了解到用户的停留时间、浏览次数、交易金额以及用户地域分布等信息，微商可以将这些信息转化为数据报表，有利于进行精准营销。

另一方面，后台数据管理规范化，实现线上线下信息同步。O2O 推行的重点在于能够实现线上线下信息的融合，并且达到统一化、规范化的目的。目前零售业企业的营销体系主要分为两类：直营体系、直营 + 代理加盟体系。对于直营体系的企业来讲，所有的门店和微店的数据实现统一管理其实并不是难事，中间不会存在信息泄露问题，即便是有利益冲突也是非常容易解决的，因此实现线上线下的数据信息的同步是一件易事。但是针对直营 + 代理加盟体系而言，直营和代理之间会存在用户资源流向的问题，解决这些问题的关键还是需要建立透明的利益分享机制。通过获取所有新增用户地址的经纬度，及时关联与该位置最近的门店信息，将该用户的信息（如姓名、联系方式、家庭住址等）与该门店绑定。企业可以自己设定适合自身发展需求的分享规则，将一部分营业额分配给所属门店或渠道，从而实现利益共享，提高了导购对微商城推广的积极性，同时也解决了代理加盟商转型的后顾之忧。

因此，我们不难发现，大数据的这场商业变革，无论对"产品 + 服务"模式的诞生，还是对电子商务的出现，抑或是智能化商业、微商的形成，都给经济发展带来了一次巨大的财富聚集。大数据所带来的这次商业革命飓风的作用和价值是相当巨大的。

大数据时代，小数据不容小觑

如今，大数据的火热程度无异于盛夏的温度一样。大数据已然成为一个非常时髦的词汇，已经达到了人人、处处、时时都与其息息相关的程度。但是，我们必须看清的是，人类继农业社会和工业社会之后，已经一步步走进了一个崭新的"知业社会"。这个社会非常注重数据信息和智慧的深度开发。然而，数据无论大小，时髦与否，如利用得当都能够促进知业社会的成长与发展，这是毋庸置疑的。因此，大数据时代，小数据的存在和价值也是不容小觑的。

2.1 大数据 VS 小数据

大数据时代，似乎随处可以听到人们谈论大数据、研究大数据，很多都是有关企业利用大数据分析进行营销，企业利用大数据体系构建运营体系等，但是对小数据的谈论寥寥无几。大数据时代，小数据的存在究竟有多大意义呢？会对人类社会的发展、对商业的发展起到什么样的作用？小数据与大数据相比，究竟有什么优势？

2.1.1 什么是小数据

马云曾说过："用数据倾听用户的心跳。"数据已经成为企业挖掘用户需求的核心武器。当然，在这方面，阿里巴巴和亚马逊之类的巨头是高手。很多时候，消费者会有这样的发现：在买了一件产品之后一两周，会收到一封推荐信息的邮件，通常消费者会发现推荐的产品比自己先前买到的感觉更好，且性价比很高。我们不得不承认这种数据挖掘的技术实在很强大。

但是，有时候，并不是每一个大数据产品都能与消费者如此贴近，数据量也并没有那么大。对于产品和产品运营来讲，企业最大的痛点其实还是如何分析、运营好身边的小数据，只有这样才能更好地看到数据的本质。

《美国计算机学会通讯》中曾经多次提到过有关小数据的内容，第一位意识到"小数据"的重要性的是美国康奈尔大学的德伯哈尔·艾斯汀。下面介绍一下到底什么是小数据。

数据微观察

美国康奈尔大学教授德伯哈尔·艾斯汀是第一个意识到小数据的重要性的人。很早的时候，他就发现自己日渐年迈的父亲已经不再像以前一样去超市买菜，不再发邮件，不再远足散步。然而将老人带去医院检查，并未检查出任何明显的衰弱特征，但是如果对他每时每刻的行为进行追踪就可以发现，事实上，他父亲的生活已经明显与之前不同。普通日常小数据体现了生命变化的讯息，让德伯哈尔意识到了个体数据的重要性，分析小数据能给医学界带来很大的医学价值。

小数据有这样的定义："小数据就是个体化的数据，是每个个体的数字化信息。"简单来讲，大数据与别人的生意有关，但是小数据却与自己有关。举个简单的例子。小甲每周都会敷 3～4 次同种品牌的面膜，突然这次敷完之后，皮肤出现了红斑和瘙痒。于是小甲就会反复思考，这次敷面膜与之前有何不同。后来发现，原来这次敷的面膜和以前的虽然品牌相同，但是功效不同。以前用的是补水面膜，这次用的是美白面膜，可能是这种美白面膜并不适合自己的皮肤，才导致红斑和瘙痒的。其实，小甲所遇到的就是生活中的"小数据"，虽然小数据没有大数据那么纷繁浩杂，但是对于个体的小甲而言却是极为重要的。

我们再举一个实际应用的例子。目前，很多运动员的身上都会佩戴一个生物传感器，通常放置在运动员背部的压缩衣内，它能够监控运动员的加速、减速、方向的改变以及跳跃高度和距离等指标。教练通过该传感器所获得的运动员的生理参数，来改进运动员的训练方式，提高运动员的训练强度，同时还可以避免运动员受伤，促其成为运动界的精英。这些传感器的工作原理是协同使用多个小设备（如加速计、磁力计、GPS 接收仪等），每秒产生 100 个数据点，通过无线连接计算机实时采集数据。这些数据都是与运动员息息相关的小数据。

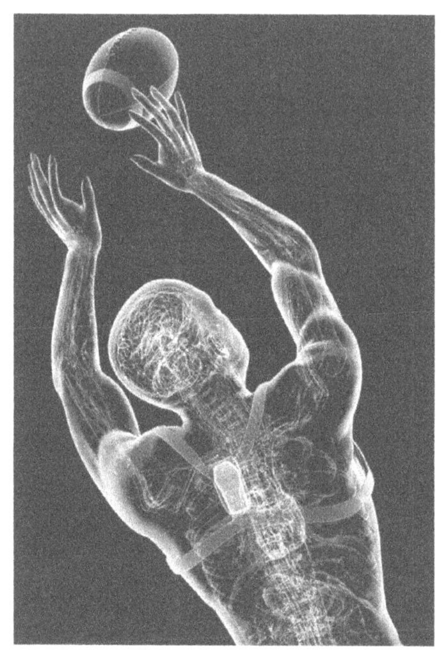

由此可见，小数据更加"以人为本"，人是一切数据存在的根本，人的需求是所有科技变革的动力。我们可以预见，在不远的将来，数据革命的下一步将进入小数据时代。通过数据分析提高销售水平和服务质量，是企业未来发展的重要手段。目前，我国小数据的分析和应用虽然处于初级阶段，但是有不少企业已经可以对现有数据熟练地进行全面分析，并且可以全面把握数据中的变量，充分利用小数据分析结果对公司进行发展预测。不难看出，这些企业虽然没有走大数据路线，而是反其道而行之，走起了小数据分析和应用路线，并且将小数据应用于企业运营过程中，结合小数据的人文因素，引入社会和心理等因素，能够全方位、多维度地进行分析，则得到的结果将更加准确，这样企业可以借此实现精准营销。这也是未来小数据的发展方向和趋势。

另外，为了使得小数据的分析能够更加精准、准确，进而能够做出更加有预测性、有价值的决策，使其应用于企业运营过程中，小数据预测对人才也提出了要求：有统计学、商业分析和自然语言处理能力，能够全面掌握数学、统计学、计算机等更多方面知识的人才才是适合进行小数据预测分析的人才。

2.1.2　小数据产生的原因

小数据的产生并不是偶然的，是对大数据的互补和延伸。小数据产生的原因主要有以下两个方面，如图 2-1 所示。

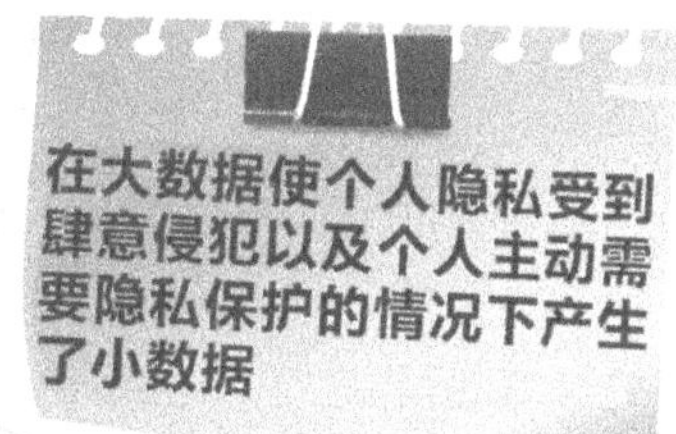

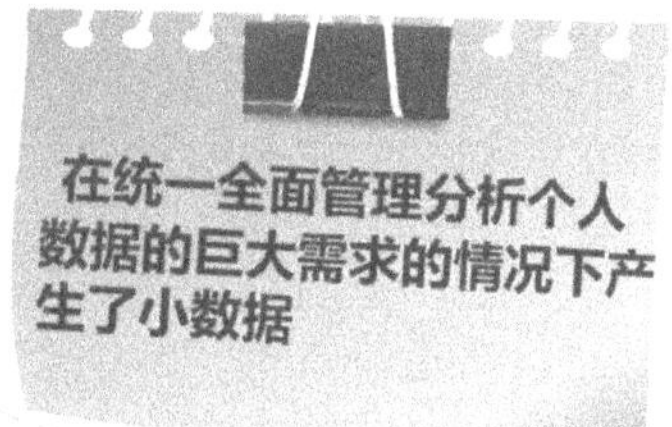

图 2-1　小数据产生的原因

1. 在大数据使个人隐私受到肆意侵犯以及个人主动需要隐私保护的情况下产生了小数据

如今，互联网突飞猛进的发展，给人类的生活、生产带来了极大的便利，但同时也使得每个人成为了透明人，给人们的隐私带来了风险。

然而，当下时代，大数据占主流时代，个人隐私受到更加肆意的侵犯和践踏，即便是随便在网页上浏览资料，都会有社交网站、信用卡银行、保险销售以及爬虫系统[①]等通过浏览记录获取用户的个人资料。大数据的基因里本身就含有对数据的无限渴望，因此，企业在利用大数据追逐最大商业利益的同时，往往会将个人信息泄露。不可否认，大数据与个人隐私其实是存在一定的矛盾关系的。

---

① 爬虫系统即网络爬虫，又被称为网页蜘蛛、网络机器人、蠕虫、蚂蚁、网页追逐者，是一种按照一定的规则，自动地抓取互联网信息的程序或者脚本。常见爬虫系统有八爪鱼、火车头等。

然而，小数据就可以很好地解决这个问题。小数据本身不但是一切个人数据的集合，而且是个人数据的唯一接口。大数据其实对个人的隐私并不感兴趣，而个人的性别、年龄等是大数据分析模型的必需素材，而后通过这些素材分析用户对于产品的喜好程度。实际上，小数据在这方面则更具优势，小数据可以细微到个人的喜好，如颜色、类型、大小、材质以及产品用途等，将小数据与个人隐私无关的分析结果传递给大数据，这样既能够帮助大数据做出更加精准的决策，实现企业的精细化营销，又能很好地保护个人隐私，将大数据与个人隐私之间的矛盾很好地化解掉了。

例如，做服装类营销的企业，通过大数据分析用户对于服装市场的需求，就需要了解用户的年龄、性别、收入、区域等；通过这些来建立大数据分析模型，而这样往往会泄露用户的个人信息。而小数据则通过用户对于服装款式、颜色、面料、材质、版型、袖型、领型、扣型、胸围、腰围等方面的需求来挖掘而获得，这些数据信息并没有将用户相关的年龄、收入水平等相关信息泄露，却能将用户对于服装的细微需求描述得十分详尽，这对于企业来讲，不但将用户的个性化定制服装做到丝毫不差，实现了精细化营销，而且受到用户的好评，树立了良好的品牌口碑与企业形象；对于用户来讲，既使得定制服装的体验得到了最大限度的满足，又很好地保护了用户的个人信息。

2. 在统一全面管理分析个人数据的巨大需求的情况下产生了小数据

随着互联网、云计算、物联网等技术的不断发展，人们所获得的信息越来越多，因此所获得的数据量也越来越大，这时候，企业进行营销的关键就是能够在这些纷繁浩杂的数据信息中，快速提取有价值的数据信息，并且能够通过这些信息一目了然地看到有用信息。小数据则通过对个人信息的细微收集、分析、整理、反馈，从而为企业提供更加有价值的决策支持，为用户提供更加细致的服务。以上的例子也可以很好地说明这一点。

总之，小数据的产生是大数据的需要，是个人数据全面管理的需要。虽然在收集相关小数据的时候需要下一番功夫才能做到全面、细微，但是一旦将这些细微数据收集起来，就能够为企业的决策提供更多、更有价值的分析。在大数据时代，企业如果能够建立起自己的小数据系统，如果能将个人数据全面、有机地结合起来，这对于企业的发展将会有不可估量的潜在价值。

2.1.3　小数据的发展前景

小数据不但可以保护个人隐私，还可以协助大数据共同制定精准的营销决策，更重要的是小数据提供给大数据最为直接的数据传输，从而有效地避免了大数据的重复收集以及模糊预测，提高了数据使用的效率和价值。另外，小数据还充分利用个人数据优势，结合外部大数据，帮助企业给个人用户提供最优价值、最具个性化的产品和服务。这些都是仅凭大数据一己之力所做不到的，这也正是从另一个方面体现了小数据存在的价值。

我们通常所说的大数据实现精准营销、精细化营销，实际上还是基于小数据协同作用才得以实现的。例如，英国一个酒吧在玩转大数据的时候，更加注重分析用户喝的是什么。毕业于英国牛津大学的诺厄·布尔金创业开了一家酒吧公司 Hawthorn Leisure。到月前为止，该公司已经收购了几百家由于经营不善而濒临破产的酒吧，诺厄·布尔金就打算通过追踪啤酒价格、日小波动、用户饮酒偏好等方面入手，将这些酒吧扭亏为盈。诺厄·布尔金了解酒水定价和种类的关键就是从大数据入手，但是这是远远不够的，并不能够清晰地预测哪些酒水能够畅销。于是诺厄·布尔金就从用户入手，深入了解用户的喜好，如酒水的度数、酿造工艺、酒水类型、色泽、年份等，做深度挖掘，全面了解用户真正喜欢的酒水品类，从而对用户进行细分，为用户提供更加适合其口味的酒水。经过全面改进营销策略，Hawthorn Leisure 公司并购的酒吧的销售额达到了 7.3 亿美元，比之其 2015 年前的总和还要多。

我们看到，诺厄·布尔金将酒吧扭亏为盈的关键在于充分分析了用户喝的是什么，即用户的喜好，因此告诉我们，大数据固然重要，全面分析用户的个人喜好数据则更加不可忽视，只有这样才能将利用大数据的模糊预测转变为更加清晰明了的商业预测。

因此，大数据在小数据支撑下，可以帮助企业最大限度地进行数据活动，如财务分析、营销策划、产品研发、产品生产、战略分析、宏观调控等。前文已经提到过德伯哈尔·艾斯汀的例子，他用小数据实时记录父亲的健康。现如今，人们从出生到死亡的每个细微的过程都可以被数字化，这使得小数据可以应用于生物科学方面的研究，从而在健康方面为人类做出更多、更大的贡献。小数据的用途不一而足，其价值也是不可估量的，因此其未来的发展前景是十分广阔的。

2.1.4　小数据的可视化

数据可视化是数据的一种特性，是数据给人以视觉上的冲击力，来展现数据的属性和变量。

众所周知，获得信息最直观、最快捷的方式之一就是通过视觉化的方式，快速抓住信息的要点。在这个处处充满数据的世界，通过视觉化呈现数据，可以清楚地呈现事物的观察结果以及揭示事物的本质规律。数据的可视化可以有多种形式，数据本身实际上是相当枯燥和乏味的，借助图形化手段，可以达到清晰、有效地传达与沟通信息的目的，这就是数据可视化的内涵。

在云计算、虚拟化技术的不断发展下，大数据的应用则更加丰富。数据可视化使得大数据剥去了神秘的外衣，更加直观地展现在人们面前。

数据的可视化就好比是让数据穿上了件华丽的外衣，视觉上的提升大大增强了数据的说服力，读者可以通过可视化的图形、图标等形式更好地阅读数据可视化的结果，这样，数据之间的逻辑也会大大增强。随着数据体量的不断增大，复杂性日渐增强，人们对于可视化的需求也凸显出来，当前业内的数据分析大多通过可视化手段，也使得可视化技术在大数据产业中的应用精彩纷呈。

事实上，无论大数据还是小数据，都可以实现可视化。在以往，数据可视化技术还没有发展完善的时候，通常的表格、图标、图形（饼状图、直方图、散点图、柱状图等），都可以被称为数据可视化的最基础、最常见的应用。如今，数据分析技术得到了很好的发展，数据可视化的应用更加广泛，由此而产生的价值也是我们不可以忽视的。随着数据可视化形式的多样变化，数据对其展现形式的驾驭能力越来越强，大数据通过表达、建模以及立体、表面、属性、动画的显示，来对数据进行可视化解释；而小数据则通过图表、表达形式来展现。实际上，数据可视化是一门科学，也是一种艺术。

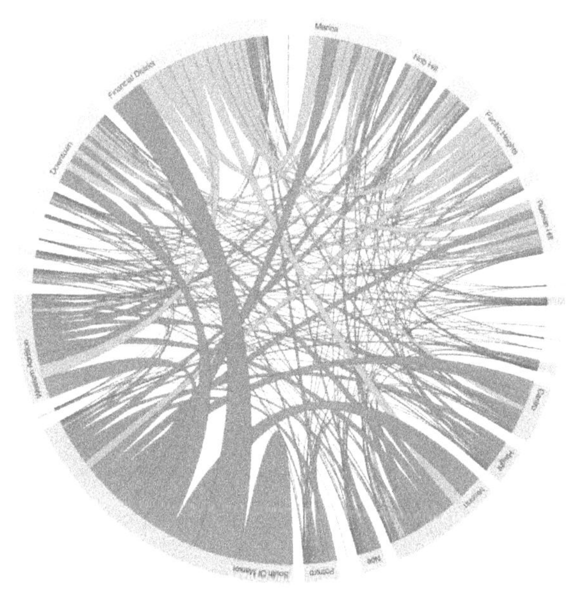

　　小数据基于丰富信息的整合才提炼出更多具有价值和意义的信息。另外，小数据可视化的展示方式多种多样，富有趣味，也是能够增强展示效果的重要因素。每一个数据都有自己存在的意义和价值，即便是小数据，也要在可视化的设计过程中，以数据为核心，通过更加适合的方式展示其应有的价值。

2.1.5　大数据与小数据的对比

　　如果说互联网改变了人类的生活方式，那么大数据则改变了整个世界，只有拥有数据的人才有最终的话语权。因此，众多互联网巨头们纷纷迈开追逐大

小数据：玩转数据与精准营销

数据的步伐，向大数据领域加速迈进；但是小数据能够带来更加精准、精确的数据分析，也是我们不可以忽视的。

大数据与小数据对企业的商业运营都有着巨大的潜在价值，那么大数据与小数据对比，究竟谁更胜一筹呢？对比结果如图 2-2、图 2-3 所示。

		大数据	小数据
大数据与小数据的对比	内涵对比	大数据（Big Date），也叫作海量数据，是一种规模大到超出了传统数据库软件工具能够获取、存储、管理、分析的范围的数据集合，具有数据规模海量、数据流转快速、数据类型多样、价值密度低四大特点	小数据（iDate），也叫作小量数据，但是这里并不是指数据量十分小，而是指围绕个人中心全方位的数据，以及其配套的收集、分析、处理和对外交互的综合系统
	本质对比	大数据的重点是放在某个领域进行全方位、大规模的数据收集、分析、处理，偏向于广度	小数据的本质在于以人为本，将单个人作为唯一的对象，更加注重的是深度的、精确的挖掘和利用
	数据处理方式对比	大数据，数据处理方式通常包括采集、导入/预处理、统计/分析、挖掘4种处理方式，但是大数据的处理方式强调每个环节都需要标准化，只有数据标准化才能大规模进行采集，才使得后期的数据处理概率统计有了可能。但是，数据标准化就使得数据原有的特征和背景产生了变化，甚至被破坏	小数据，其来源和使用者本身就是同出于人，不同的是其存和取的时间和背景有所区别

图 2-2　大数据 VS 小数据的对比（一）

		大数据	小数据
大数据与小数据的对比	人的作用对比	大数据模式下，数据的来源是人，但是这些数据一旦被采集，接下来的数据分析、数据处理等环节就与数据的本源体再无任何关系	小数据模式下，无论是数据的采集、分析还是处理，都仅仅围绕人这个个体进行，所以与人有着非常紧密的关系，因此，人在整个系统中发挥着中心作用
	侧重点对比	大数据相对于小数据而言，数据量较大，需要快速做出反应，注重的是包含的所有个体的数据，覆盖面较广，侧重点是广度	小数据相对于大数据而言，数据量较小，无需快速做出反应，更加注重的是非结构化数据之间的关联，重视的是深度挖掘，侧重点是深度
	商务分析对比	大数据重在技术与数据之间的关系，以数学和统计学为基础，数据分析的方法主要有关联规则、社交网络、用户细分（根据行为）、预测与预警。一切都是以"数据"说事	小数据重在营销问题的解决，以心理学和统计学为基础，数据分析方法主要有用户细分（根据心理）、行为与态度、决策路径、价格测试、产品测试、广告测试、以心理学为基础的定性分析、定量研究和定性研究
	劣势对比	大数据的数据源通常会产生偏差，不能挖掘数据之间的因果关系	小数据具有抽样偏差、回忆偏差的缺点，并且采样成本高、采集周期长

图 2-3　大数据 VS 小数据（二）

1. 内涵对比

■　大数据（Big Date），也叫作海量数据，是一种规模大到超出了传统数据库软件工具能够获取、存储、管理、分析的范围的数据集合，具有数据规模海量、数据流转快速、数据类型多样、价值密度低四大特点。

■　小数据（iDate），也叫作小量数据，但是这里并不是指数据量十分小，而是指围绕个人中心全方位的数据，以及其配套的收集、分析、处理和对外交互的综合系统。人随时随地产生的数据，包括生活习惯、身体状况、行为动作、喜怒哀乐、社交往来、财务流向等，全都可以被收集起来加以分析，并对外形成一个富有个人色彩的数据系统。

2. 本质对比

■　大数据的重点是放在某个领域进行全方位、大规模的数据收集、分析、处理，偏向于广度。

■　小数据的本质在于以人为本，将单个人作为唯一的对象，更加注重的是深度的、精确的挖掘和利用。

3. 数据处理方式对比

■　大数据，其数据处理方式通常包括采集、导入 / 预处理、统计 / 分析、挖掘 4 种处理方式，但是大数据的处理方式强调每个环节都需要标准化，只有数据标准化才能大规模进行采集，才使得后期的数据处理概率统计有了可能。但是，数据标准化就使得数据原有的特征和背景产生了变化，甚至被破坏。

■　小数据，其来源和使用者本身就是同出于一人，不同的是其存和取的时间和背景有所区别。

4. 人的作用对比

■　大数据模式下，数据的来源是人，但是这些数据一旦被采集，接下来的数据分析、数据处理等环节就与数据的本源体再无任何关系。

■ 小数据模式下，无论是数据的采集、分析还是处理，都仅仅围绕人这个个体进行，所以与人有着非常紧密的关系，因此，人在整个系统中发挥着中心作用。

5. 侧重点的区别

■ 大数据相对于小数据而言，数据量较大，需要快速做出反应，注重的是包含的所有个体的数据，覆盖面较广，侧重点是广度。

■ 小数据相对于大数据而言，数据量较小，无需快速做出反应，更加注重的是非结构化数据之间的关联，重视的是深度挖掘，侧重点是深度，可以将人的一举一动，包括家庭、工作、生活、健康以及性格习惯、社交等生成的数据进行收集、分析和处理。

6. 商务分析对比

■ 大数据重在技术与数据之间的关系，以数学和统计学为基础，数据分析的方法主要有关联规则、社交网络、用户细分（根据行为）、预测与预警。一切都是以"数据"说事。

■ 小数据重在营销问题的解决，以心理学和统计学为基础，数据分析方法主要有用户细分（根据心理）、品牌追踪、行为与态度、决策路径、价格测试、产品测试、广告测试、以心理学为基础的定性分析、定量研究和定性研究。

7. 劣势对比

■ 大数据的数据源通常会产生偏差，不能挖掘数据之间的因果关系。

■ 小数据具有抽样偏差、回忆偏差的缺点，并且采样成本高、采集周期长。

2.2　小数据也有大价值

大数据是为了解决那些巨量、复杂的数据问题而生的。

巨量即表示数据量大，一旦需要处理的实时数据越来越多，对企业而言，最大的成本必然是时间成本，但是时间却是企业最为珍贵的成本。因为，如今对于企业来讲，时间就是金钱，产品的创新，关键就在于能够在市场上先人一步，抢占先机；服务的创新就是要快用户一步。在这个"快"时代，用户需求处于实时、快速变化的状态，因此，企业制定的营销策略也必须是实时的，而这些实时营销决策的制定是依托大数据分析来进行和完成的，只有这样才能避免用户流失。

复杂意味着数据的多元化，以往的数据结构通常是非常单一的，因此，过去的适用于单一化的数据模型已经过时了，这就要求构建一套全新的、有效的分析模型。

从这两方面来看，大数据对企业的发展的确是起到了至关重要的作用。只要稍微梳理一下，不难发现，大数据对于企业发展的价值大概为：支持企业做出高效、精准的营销决策；提高用户的服务水平；为用户打造更加符合其个性化需求的创新产品和服务；分析用户心理需求数据，促进销售，获得用户流量；强化会计业务；进行基础研究，对产品的功能进行监控和检测；分析企业内部管理机制，强化内部治理等。这些基本上囊括了企业运营过程中的所有行为，这也正是大数据在企业运营过程中的价值体现。

大数据在企业运营过程中的价值是有目共睹的，但是小数据在企业运营过程中的价值也是不容忽视的，小数据也是有大价值的。

2.2.1　小数据支持商业决策

大数据的价值被炒得火热的同时，企业也不可以忽略小数据的存在以及其重要性。小数据并不是指量小，而是可以用来做针对性的、可以用于支持和制定决策的高质量数据。小数据无需复杂的算法、昂贵的硬件设备、高额的分析费用，任何组织、企业、个人都可以实现小数据的分析和管理。如果能够学会简单的小数据算法，能够更加充分地利用小数据的潜在价值，那么可以毫不夸张地说：人人都可以成为一名出色的"数据科学家"。

综合企业所在行业的整体数据信息，可以掌握行业发展的整体情况。然而分析企业自身的数据信息，可以发现自己的不足之处和明显优势。将行业的整体数据和企业自身数据进行对比，就可以帮助企业更加明确自身在行业中的欠缺，并及时去弥补，更重要的是可以帮助企业获得有价值的数据参考，并制定符合自身发展的商业决策。

一家工业涂料制造商将重点放在深入研究单个用户和区域的差异上，以给产品定价，因此该制造商放弃了原有的经典线性回归的分析方法，建立了稳定的价格弹性模型。通过利用其他的简单分析技术，该公司能够更加确定具体的领域来进行产品销售，从而制定了合适的定价和服务策略。该企业将目光转向了基于用户价值大小来定价的方法，很大程度上保证最有价值的用户能够享受到最高级别的服务。这种基于单个用户进行数据分析的方法，使得该涂料制造商仅仅在一个地区的一个业务单元实施过程中，其销售额就较之前上升了4%。

该工业涂料制造商正是走的小数据分析的道路，通过深入分析单个用户的数据信息，获得单个用户的价值信息，通过价值的大小来为用户提供不同级别的服务决策。因此，企业能够更加轻松地留住用户，让用户为企业创造更加巨大的价值回报。企业这些可观的收益，也正是基于小数据而制定的商业决策带来的结果。

2.2.2　小数据分析有助于营销推广

企业营销少不了推广，然而营销推广的目的就是为了满足消费者的需求，毕竟，没有需求的营销推广是毫无意义可谈的。寻找消费者需求的最佳方式就是小数据分析。如今，互联网发展异常迅猛，我们都知道，消费者在互联网上浏览商品留下的庞大数据主要有两个入口：第一个是搜索引擎，第二个是社交媒体，如图 2-4 所示。但是，企业如何能够通过这两个入口获得和分析行业小数据，也恰好是企业需求的关键所在。然而，通过分析行业小数据，在一定程度上是在抓取数据，只要能够配合企业的营销系统，搭建企业的数据库营销平台，就能够更好地利用抓取来的数据。这正是小数据能够给企业营销带来的巨大价值。

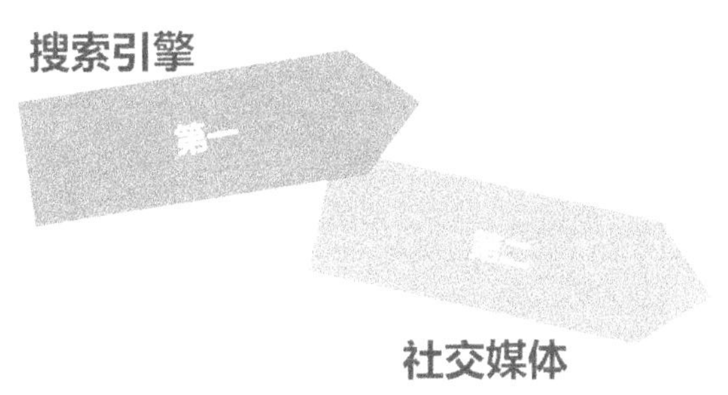

图 2-4　消费者在互联网上留下数据的两个入口

　　一个大型饮料制造厂商，计划提升其酒吧、餐馆、娱乐场所等的营业额，但是其可用的联合信息是基于一个标准细分计划，并没有深入了解和分析如何才能够为不同阶层的消费者提供符合其特征的服务。因此，该厂商就利用观测的方式来研究和定义更多具有可操作性的部分，这就要求用一种简单的方法来量化分割。厂商通过认真、细致观察发现了不同阶层消费者的消费特征，并且针对这些特征开发了一种全新的算法，然后要求专业的销售人员在小数据分析技术的基础上，利用全新算法来对其负责的区域内的酒吧、餐馆等进行细致划分。之后再根据这些细致的划分来制定产品的分类、定价，并且为每个细分场景制定市场营销计划。厂商在两个大的城市中进行项目试运行，结果试点项目的销售总额和市场份额有了非常显著的提升，目前该方法已经在其全国的营销渠道内开始广泛推广。

这个例子中，饮料制造厂商上没有采用任何意见价格昂贵的硬件、软件或者技术设备，使得数据采集的费用降低，并且仅仅是采用了全新的数据算法，再结合一个特色产品、一个地区不同阶层消费者特征，就可以进行项目试运行，并取得了显著成绩。这种方法能够将成本控制在一个合理的范围内，并且回报率高，见效快。因此，我们清楚地看到，在某些情况下，利用小数据分析技术可以达到大数据都无法达到的目的，有时候小数据的价值将比大数据的价值更加凸显。

2.2.3　每个消费者都能实现个性化定制

小数据与大数据同样都是数据时代的重要组成部分，任何销售、服务、金融企业都可以充分借助数据资源的优势，在此基础上，能够有效提取具有鲜明特征以及具有价值的小数据，通过挖掘潜在目标用户的个人信息来获取更有价值的用户信息，用户价值越高，则能够享受服务的级别就越高，这样的服务能够让用户感觉到一种公平感，更重要的是这是别人所享受不到的独一无二的定制服务，可以给用户带来一种具有个性化特征的优越感。这样做不但可以有效降低企业成本，而且可以提高企业运行效率，更好地为用户提供能够满足其需求的个性化定制的产品和服务，实现企业的精细化营销，从而有效提升企业营销业绩。

事实上，企业所面对的用户并不是一类人，而是每个人，要想让每个用户都能够获得自己心仪的个性化定制产品和服务，关键还得深入挖掘每位用户的喜好，然后用一对一的方式为用户量身定制产品和服务。

零售商可以收集每位用户在全渠道包括线下实体店、线上网店、移动商店、社交网络、数字货架、社交媒体等的数据碎片，并且为每位用户绘制全渠道用户云图，如图 2-5 所示。与此同时，还可以借着每位用户的数据碎片，发动每位员工监测和管理现有的老用户或者潜在的每一位目标用户的信息，在全渠道的每个接触点上建立有影响力的一对一的对话和关系，从而更加深入了解每位用户的真实需求，即可为其分析和引导，为其量身定制产品和服务。

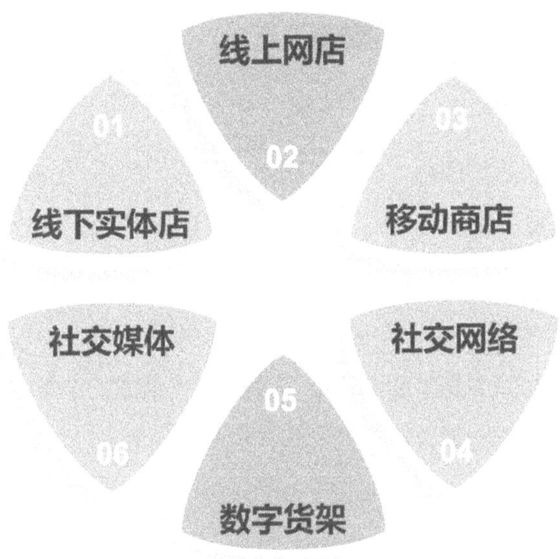

图 2-5　零售商收集用户数据的渠道

在这方面，银泰就做得非常好。自银泰网上线之后，传统的线下实体店就和线上的会员账户实现了互通。银泰在百货和购物中心铺设了免费 Wi-Fi。这样做可以使得用户一旦进入线下实体店，连接上了免费 Wi-Fi，后台就可以轻而易举地将潜在用户识别出来，这样，该用户以往与银泰是否有交易记录、互动记录等，就可以一目了然地呈现出来。当把用户线上线下的数据放在银泰集团后台的公共数据库中进行匹配时，就可以通过用户在实体店的电子小票、行走路线、停留区域等的分析，更加精准地判断该用户的购物喜好，分析其购物行为、购物频率和品类搭配的一些习惯，从而为用户提供更加符合其需求的个性化定制产品。

由此可见，小数据虽小，但也不输于大数据，同样具有很多可以用来服务于企业运营的巨大价值。企业可以充分收集用户个人数据信息，并利用小数据分析，为每一位用户提供匹配度更高的个性化定制产品和服务。

2.3　关注大数据中的小数据

在 2015 年，无论是信用、交通、医疗、卫生、就业、社保、地理、文化、教育领域，还是科技、资源、农业、环境、安监、金融、质量、统计、气象、海洋、经济等领域，大数据可谓是喊得震天响，一时间大数据仿佛成了可以用来解决一切问题的解决方案。大数据关注的是从海量的数据中找出群性，并且将其作为各种政策以及商业决策的判断依据。但是这对于普通的个体人来讲，实在是难以有同感。在我国提出"大众创业，万众创新"的时候，欧美的创新圈子里，与个人更加息息相关的小数据的概念则更加盛行。关注并利用大数据中的小数据，则对于企业创新发展有着更加重要的指导和推动作用。

2.3.1　从小数据到大数据的应用

"大数据"这个词成为当下最火、最时髦的词汇，一提到大数据，很多新生词汇也会在脑海中一一呈现，如云计算、数据云、数据挖掘、商业智能、精准营销、跨屏整合、智慧商业等，似乎一谈到商业，不谈大数据、不懂得如何利用大数据就跟不上时代的步伐了。

诚然，大数据是由小数据逐渐演变而来的。目前众多企业面临的问题不是如何利用大数据，而是其内部的一些小数据的整合出现了问题，或者说是在小数据没有用好的情况下就使用大数据，其结果是可想而知的。

因此，很多企业在利用大数据的时候，犹如谈到自媒体就想到了第三方平台一样，自媒体是自己的，同样大数据也是企业自身的。假如是由第三方提供，那么你能够获得的数据，其他竞争对手的企业同样也可以从第三方平台获取，这样大数据就不能被称为核心竞争力。企业如果想使大数据成为自身的核心竞争力，首先就得建立自己的企业级数据。

我们看到，很多企业在市场竞争过程中并不是被对手所打败的，而是被根本算不上自己对手的企业所打败的。究其原因，关键还在于该企业并没真正明白自己所在行业的核心是什么。举一个简单的例子，亚马逊毫无疑问是电商中的巨头，但是其收入来源却并不是依靠电商，而是云服务。这也就意味着，企业想要营销获利，得走以下几步，如图 2-6 所示。

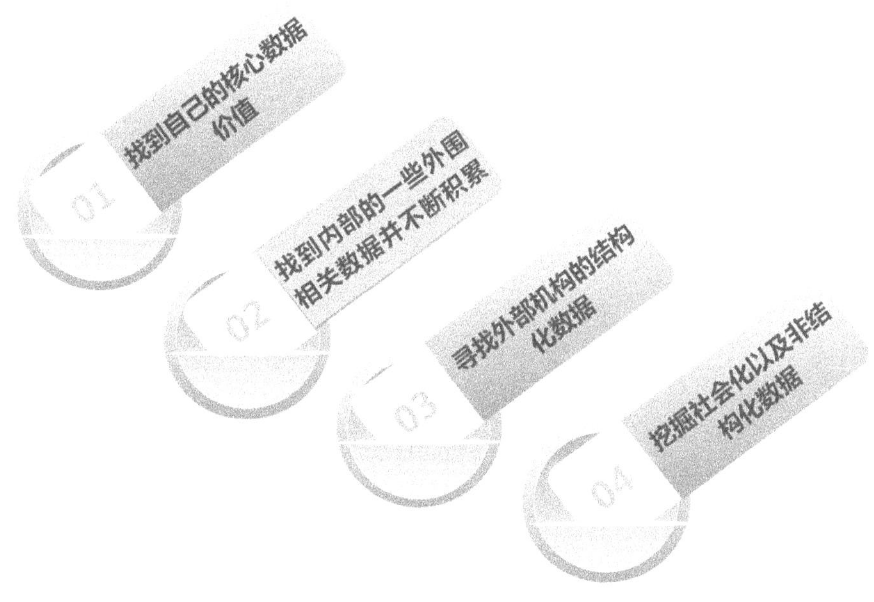

图 2-6　企业营销获利四部曲

第一步，也是最关键的一步，就是需要找到自己的核心数据价值。只有这样才有可能建立起自己的大数据，才有可能做其他方面的延伸。因此，可以说核心数据实际上就是企业的用户系统，这是企业的核心环节。

第二步，找到内部的一些外围相关数据并不断积累，让其不断增加。这个积累的过程实际上就是由小数据发展成为大数据的一个过程。

企业为了增加销量，经常会在线上和线下举办一些活动来吸引流量，拉动消费，然而在活动开展的时候，消费者的信息作为外围相关数据就会被企业收集起来，并且不断聚集，当达到一定量的时候，这些单个个体消费者的小数据信息就会逐渐演变为大数据，即体现出大数据的群性。

第三步，寻找外部机构的结构化数据。这也就是通常所说的常规渠道的数据。这也是从小数据到大数据的一个积累的过程。

沃尔玛能够利用数据的相关性挖掘到有价值的数据，那么普通的电商也可以做到。例如，男性消费者在购买啤酒的时候可能也会购买剃须刀、男士洗面奶之类的商品，女性消费者在购买某个牌子的母婴产品的时候，也有可能会购买另外一品牌的产品。这实际上就是一个前期数据的挖掘。这些数据的挖掘就需要企业从常规渠道结合用户系统来获得，通过挖掘这些数据可以为企业接下来的市场营销、产品推广等做准备。

第四步，挖掘社会化以及非结构化数据，并从中获取最大价值。当企业的用户在社会化媒体上发言的时候，就通过互联网实现了数字链接，从而将大数据的价值体现出来，否则企业所获得的用户数据都是毫无意义的。

通过一步步数据挖掘，从小数据一层层聚集成为大数据并建立数据库，企业就能够根据自身的竞争优势来决定自己的发展方向。

然而很多企业并不具备大数据挖掘技术的能力，通过其他方式或渠道也买不起大数据，也雇佣不起大数据分析团队，那就需要从小样本着手开始进行测试。小样本测试其实十分简单，只要通过电子表格如 Excel 就可以快速完成数据挖掘。其实，挖掘数据不一定需要非常庞大和昂贵的数据，小样本测试所获得的效果也是一样的，且小样本测试更加高效。小样本测试结束后再做大样本验证，通过验证所获得的结果，就可以将其直接应用于企业的现实营销中。

由此可见，对企业来讲，实现精准营销、精细化营销，还需企业内部一步步实现数据从小到大的积累；只有这样才能一步步走向成功，获得更多的收益。因此，企业要善于关注大数据中的小数据，学会从小数据入手，逐渐实现大数据营销。

2.3.2　精众胜于精准和大众

如今，很多企业都试图将传统的大众营销方式变为消费者细分的营销方式。随着时间、空间的碎片化以及信息的碎片化，"大众"已经逐渐支离破碎甚至被"细分"所取代，人们依托于现实的虚拟生活场景和空间正在一步步发生着重聚，族群化已经变得日益凸显。

2013 年《小时代 1：折纸时代》票房大卖，就映射出了一条大数据时代的重要营销法则，即"族群"的重要性要比"大众"更强。在很多人批判《小时代》的时候，"90 后"作为一个族群站了出来，力证了《小时代》的商业价值。《小时代》成了以"90 后"为目标受众的电影，推动了娱乐、商业的族群化趋势，也正是如此，后续的《小时代 2：青木时代》《小时代 3：刺金时代》《小时代 4：灵魂尽头》几部都能够票房飘红。

数据微观察

《小时代》系列电影为何每一部都能够获得如此高的票房呢？关键是在影片上映前，郭敬明从市场的角度出发，对观影人群进行了细分，而细分的关键就是大数据，是大数据带来了精准化营销，而这也正是《小时代》系列能够屡创票房新高的原因。《小时代》的投资方乐视影业在进行投资前，就已经对同名原著在网商的点击量、阅读用户的身份特征等数据进行了调查，并进行分析和整理，将观众分成了核心圈、第二圈、第三圈 3 个部分；此外，还对以往观众对同类影片播放后的反映等做了数据分析。最后，乐视影业利用所用调查、分析、整理出来的数据说服了院线排片。

《小时代》的拍摄宗旨是：年轻人爱玩什么，《小时代》就做什么；年轻人在哪里，《小时代》就在哪里。基于这一点，《小时代》的影视营销部则仅仅抓住大数据的价值，通过挖掘数据来发现观众在哪里，然后再将《小时代》有针对性地推荐给这些观众，最终实现了精准化营销。

另外，浙江卫视热播的《中国好声音》成为当下火爆的励志类专业音乐评论节目，经历了四季，前后聚集了众多不同年代的观众，很多中老年人和众多年轻人聚集在电视机面前。加多宝通过冠名《中国好声音》实现了新品的蜕变，营销效果很好。这说明大数据时代"重聚"比"分众"更有商业价值。很多企业苦于在消费者碎片化严重的今天找不到合适的产品推广渠道和途径，加多宝则证明了人们以共同的行为方式、生活形态、兴趣爱好而重新聚集到一起，在大数据时代，应当更加注重的是聚合而不是细分。

很多企业认为，大数据时代，营销能够越精准越好，在大数据和互联网技术的不断发展中，企业越来越能够轻而易举地通过探知消费者行为而洞察到消费者的需求，可以说精准营销是技术推动的趋势。但是，很多时候，精准并不是想象的那样容易实现，而是一个相对的概念。

当一位用户在网页中出于好奇看了一款奶粉的相关信息，于是奶粉商就接二连三地向该用户推送奶粉广告，要知道，这仅仅是表象的关联，而并不是该用户真正地需要该款奶粉，因此奶粉商的广告推送并不能实现精准营销。

如果一位用户经常在宝宝树网站上的母婴论坛发言以及发帖，经常在社区中与网友互动，并且与其相关的母婴产品也是该用户经常关注的，那么企业在这个时候就可以判断该用户必然是该母婴产品的消费者。

从这两个例子中，我们不难发现"精众"比"精准"更加能够瞄准目标受众，因为精众是融合个人的生活形态和心理，而精准只是在大数据和互联网技术基础上形成的一个技术概念。然而，融入了个人生活形态和心理的数据就是小数据。

在大数据时代，并不是所有的商业决策都能够通过大数据来实现，大数据并不是一剂万能药。要想利用好大数据，关键还在于使用者、使用场景以及数据结构，大数据的挖掘并不是单一的"精准"与"大众"，更多的是要结合个人行为，洞察其需求，只有从大数据中的小数据开始下手，才能将大数据的价值更好地体现出来。

2.4　大数据落地从小数据开始

前边已经讲到大数据的四大特点，即 4V，Volume(大量)、Velocity(高速)、Variety(多样)、Value(价值)。然而大数据还有另外几个特征，即相关性、混杂性、总体性，强调的是 "是什么"；小数据对于大数据而言，体量小，更加具有精准性，侧重点是 "为什么"。

从大数据的四大特点和三个特征来看，大数据是一个全量型数据。但是这个全量型数据中只能看到事情的规律或客观形态，换句话说只能看到事情的结果，而不能从更加深入、透彻的角度发现造成这种规律或客观形态的原因。这便是大数据的局限性，也正是由于这一点，大数据在实际的应用中还是存在一定的落差。大数据的使用者往往希望通过对这些庞大的数据信息进行智能的、深入的分析，从而获得其中的价值。如今，很多企业运营、个人生活、社会交往等都离不开大数据的支持。对于大数据，使用者更多的是希望能够有效地利用大数据的分析技术来为自己创造更大的价值，而并不是限于形式上的浮夸。然而，这也是大数据当前面临的最大问题和挑战。

对于这样的问题和挑战，分析一下，其实有以下 4 个方面的原因，如图 2-7 所示。

首先，利用大数据充门面，没有将大数据落到实处。 当 "数据" 前面加上一个 "大" 字的时候，就感觉数据的形象一下子高大起来。对于企业而言，一旦拥有了大数据，就感觉从普通企业一下子跃居高端的行列，认为自己拥有了无穷无尽的数据，有了超强的存储能力，然而导致这样的思想的关键就是企业并没有结合自身的实际情况，将大数据应用于运营过程中，只是由于看到了大数据的热潮，跟着标榜自己也具有大数据分析能力，借此来显示自己虚伪的优越感。

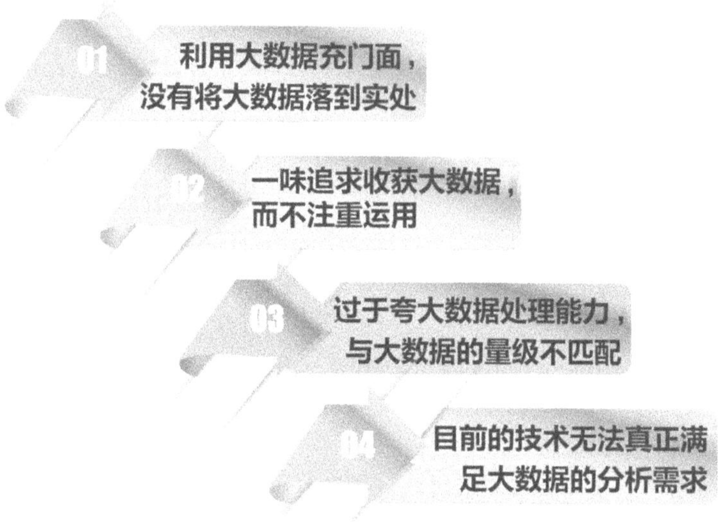

图 2-7　大数据面临挑战的原因

其次，**一味追求收获大数据，而不注重运用**。有很多企业过于纠结自身数据分析能力以及大数据特征内的事情，考虑的是自己拥有的数据量究竟有多大，需要多长时间能积累到一定体量的数据，而往往完全忽略了合理、有效地使用大数据才可以为企业创造巨大价值。

再次，过于夸大数据处理能力，与大数据的量级不匹配。不少企业已经认识到大数据处理能力的重要性，但是由于其数据处理能力的大小是由计算机处理能力和处理思维决定的，而企业当前的数据处理能力却还没有达到能够处理大数据的级别，而仅仅处于小数据的处理阶段。这些数据处理能力没有达到大数据量级的企业，应当及时对大数据处理能力进行调整和转化，使其能够与大数据的量级相匹配。只有当大数据的处理能力与大数据的量级相匹配，它才能更好地发挥作用，商业环境下的业务水平才能得到全面提升，企业才能在良好的状态下发展壮大。

最后，目前的技术无法真正满足大数据的分析需求。当前，大数据分析主要依赖于 IT 技术进行，但是大数据分析真正应用于企业运营过程中的时候，往往会因为缺乏更多的复合知识和更加强大的技术背景而显得捉襟见肘。这样，大数据分析就需要 IT 系统进一步增加学习、分类、辨析的能力，这也就是经常谈起的人工智能。但是，也正是由于这方面的欠缺，今天大数据的使用者才面临这样那样的挑战。

2015 年上半年，某大型运动品牌提供了一份舆情动态监测[①]月报，该月报的确是清晰地反映了该平台的口碑优劣，其口碑一直排名第三或第四，自媒体排名要略低于竞争对手，而主流媒体排名远远高于竞争对手，但是这些数据并没有对市场部制定市场营销策略方面提供更加全面的帮助。从第二季度开始，舆情监测部门与市场部提前进行沟通，确定了当月舆情动态监测的目标，当市场部在制定当月营销策略的时候，这次与上一季度的情况大不一样：市场部决定需要监测的话题，并且建立市场营销的 4P[①]监测模型，这时候，舆情动态监测就会根据之前竞争对手品牌、产品品类等 15 项大关键词，以 4P 监测模型为原则细分出 34 项小关键词，通过进行日常观察，通过市场营销和企业背景对所获得的数据进行解读，帮助市场部制定了完美的营销决策。

从上面的例子中，我们通过进一步分析不难发现，解决大数据分析能力面临的问题其实就是从以下 3 个方面入手。

大处着眼，小处着手，以小数据来解决大数据问题。从大数据着眼，落实到真正有分析和预测能力的小数据上进行分析，就可以实现以前做不到的事情，这就是以小数据来解决大数据的问题。

让大数据的分析能力与其量级相匹配。通过正确的方式，放弃没有必要的元素，有舍有得才能做得更好，这就是小数据处理之道。小数据处理之道可以帮助数据使用者更好地看清复杂事物背后的真实情况。化繁为简，从大数据中

[①] 舆情监测也称为舆情监控，整合互联网信息采集技术及信息智能处理技术，通过对互联网海量信息进行自动抓取、自动分类聚类、主题检测、专题聚焦，实现用户的网络舆情监测和新闻专题追踪等信息需求，形成简报、报告、图表等分析结果，为用户全面掌握群众思想动态，做出正确舆论引导，提供分析依据。

挖掘小数据，让小数据更好地发挥自己的作用。

通过人工干预的方式来解读小数据。处理完的小数据其实是一些非常直白的信号，当需要从中获取有价值的信息的时候，就需要进行一定的人工干预。

因此，从以上 3 个方面入手，利用"化大为小，化繁为简"的思维方式，可以帮助企业数据使用者更好地通过小数据看清复杂事物的本质，并且为大数据服务，解决大数据不能解决的问题，从而使得大数据能够落到实处，真正为企业营销决策的制定提供重要的依据。

2.5　小数据能成就大营销

有关数据显示，2014 年，全球大数据市场规模达到了 285 亿美元，同比增长了 53.2%，2015 年大数据市场规模达到了 383 亿美元。预计 2016 年和 2017 年，全球大数据的市场规模可能达到 452 亿美元、500 亿美元。易观国际数据显示，我国 2014 年的大数据市场规模为 75.7 亿元，涨幅为 28.4%；2015 年的市场规模达到了 98.9 亿元，涨幅达到了 30.7%；预计 2016 年我国的大数据市场规模将达到 129.3 亿元。2015 年 8 月 31 日，国务院下发的《促进大数据发展行动纲要》中将大数据定位为"推动我国经济转型发展的新动力"，提出"2017 年底前形成跨部门数据资源共享共用格局、2018 年底前建成国家政府数据统一开放平台、2020 年底前逐步实现信用、交通、医疗、卫生、就业、社保、地理、文化、教育、科技、资源、农业、环境、安监、金融、质量、统计、气象、海洋、企业登记监管等民生保障服务相关领域的政府数据集向社会开放"。

---

① 4P 即产品（Product）、价格（Price）、渠道（Place）、促销（Promotion）。

　　这一惊人的数据资料给诸多电商企业带来了前所未有的危机感，大数据在企业发展中的作用越来越重要，那么是不是只有大数据才能成就大营销呢？小数据能做到大营销吗？

　　众所周知，大数据具有数据体量巨大、数据种类繁多、价值密度低、处理速度快的特点，但是想做到在大数据中实现快速提纯，对于一般企业来讲还是相当困难的。然而小数据却可以很好地解决这个大数据无法解决的问题。

　　数据价值的大小并不能由数据量的大小来决定，小数据更加注重的是数据的实用性，侧重点是效率、相关性，以及收集到的正确数据的数量和种类。但正是由于小数据具有这些特点，企业营销过程中运用小数据才可以解决大数据解决不了的问题，小数据是企业营销过程中不可或缺的一大法宝。

　　在企业营销过程中，往往市场营销者需要的数据仅仅是一些小样本，对于一小部分用户群而言，只要将注意力放在推动和改善推动业务细节上，就可以使得品牌在营销过程中体现出其个性化的特点，从而使得用户体验达到极致。要知道，获得这些小数据其实并不难，这些小数据通常就在营销者身边，只要善于发现和挖掘，便唾手可得。

　　作为 O2O 电商的健康保险公司希望通过改良服务从而使得用户体验达到极致，也使得自己能够在众多的保险公司中脱颖而出。公司意识到其电话中心是关于用户痛点以及解决方案的一个潜在的数据来源。于是，该公司形成了"电话＋保险 O2O"模式，利用用户对保险公司的评分单，通过客服代表输入的摘要，利用文本挖掘的算法，来改进书面通信的格式和语言，简化电话中心服务流程。此外，该公司还发现可以在一些社区中介绍店面位置，从而方便与用户之间进行交互，更重要的是可以提高用户的忠诚度。

　　保险公司的全新营销方式"电话＋保险 O2O"也正是基于收集用户痛点的小数据实现了与用户之间的交互，从而满足用户的需求。同样，这种方式也适用于其他企业的营销，因为小数据本身就是以用户为中心的，营销者可以借助小数据更加快速地认识用户、了解用户需求，从而帮助用户随时随地地获得他们希望拥有的产品和服务。

一旦消费者的需求得以落实，企业便会以盈利方式从消费者那里获得回报，随着消费者数量的不断增多，企业所获利润也必将不断增加，最终实现了大营销的目的。这么看来，没有大数据做后盾，企业营销依然可以很好地进行，并且可以充分利用小数据为消费者的产品和服务的不同定位做出正确的营销战略决策，依然可以实现企业大营销的目的。

举个简单的例子来说明。我们在购物的时候都会遇到这样的问题：我们非常着急需要一件物品的时候，却不知道去哪里可以购买。这个时候，如果实体店能够把以用户为中心的位置、搜索记录、品牌喜好等相关小数据收集起来，为消费者与产品建立一道桥梁，一旦消费者有需求，便可以有针对性地为消费者提供产品。小数据的应用，一方面为消费者的生活提供了便利，另一方面也通过建立消费者和产品的互利关系，加强了企业营销的能力。

2.6　大数据时代不能忽视对小数据的挖掘

谈到小数据，就不得不先从大数据说起。在大数据时代，人人都在谈论大数据，如今大数据已经从概念阶段走向了应用阶段，一场数据狂潮在全球范围内一浪高过一浪。企业营销、智慧城市、防止犯罪、总统选举、流感趋势分析等活动中，大数据都发挥了巨大的作用，体现了其巨大的潜在价值。

考量大数据的价值，我们不难发现，大数据在商业企业中的价值具体体现在以下 5 个方面，如图 2-8 所示。

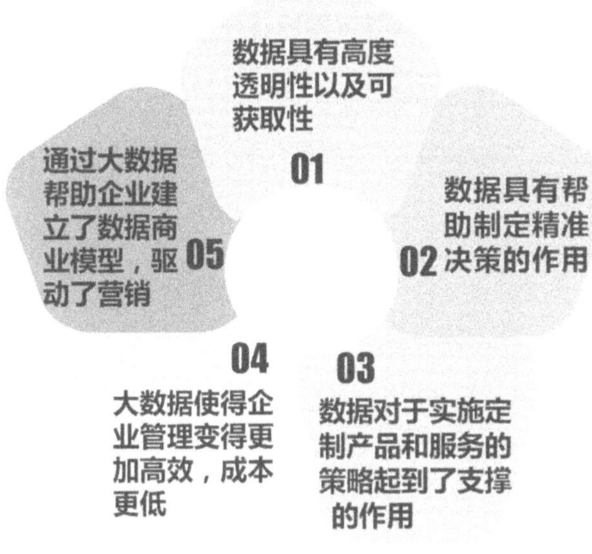

图 2-8　大数据在商业企业中的 5 个价值

1. 数据具有高度透明性以及可获取性

对于企业来讲，获利并不仅仅是通过避免销售业绩下滑来实现的，更重要的是能够将其数据透明化，将其数据信息适时适量地向其用户公开，这样用户获取了企业相关数据，就能够对企业品牌实力、产品质量、服务特色等一目了然，这样可以很好地帮助企业树立品牌形象，增加用户的信任度，使企业能够在市场竞争中增强竞争优势，并且获得更加有利的市场地位。

2. 数据具有帮助制定精准决策的作用

影响大数据分析的因素有很多，每一个企业的运营情况不同，其影响程度也有所不同。通常情况下，企业有两种方式可以控制其影响因素：一种是对于那些存在的问题十分明确并且已经有了解决方案的企业，可以采用假验的方法，对照测试结果，之后再进一步将分析结果应用到更大的用户群中。另一种方法是利用数据挖掘的方法找到与数据相关联的结果，从而制定相关决策。

3. 数据对于实施定制产品和服务的策略起到了支撑的作用

众多企业通过挖掘用户数据来细分和定位用户。大数据使得个性化定制成为了可能，并且产生了质的飞跃，使得用户对于产品和服务的体验达到了极致。

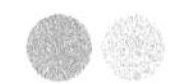

小米公司之所以能够成功很大程度上也是归功于其对米粉需求的数据挖掘。小米公司创建于 2010 年，其产品作为我国自主研发的智能国产手机，仅仅在 5 年的时间里，其销售量就已经远远超过了苹果。究其原因，在于小米研发者通过不断搜集米粉所提供的意见和建议，以及对他们的个人信息进行整合，将这些信息收纳在自己的数据库中，久而久之，数据库规模不断壮大，研发者能够获得有价值的数据，信息也不断积累。最终在对这些数据进行分析之后，研发者倾情打造出了能够让这些爱好者满意的小米手机，实现了产品的定制化。这些从米粉挖掘出来的数据信息正是推动小米不断前进的动力，也是小米成功的基础。

4. 大数据使得企业管理变得更加高效，成本更低

大数据具有提高算法效率以及机器高效分析的能力，因此，很多制造商利用算法分析来自生产线的传感数据，并且通过创建自动调节过程来减少损失，从而避免了价格昂贵的人工干预所带来的高成本弊端，有效增加了产出。

5. 通过大数据帮助企业建立了数据商业模型，驱动了营销

大数据的出现使得众多新类型的企业层出不穷，并且建立了基于信息驱动的全新商业模型。很多企业的大数据都在其价值链中产生了巨大的价值，发挥了巨大的作用，成为了推动企业营销获利的源泉。

从以上大数据在企业运营过程中的应用价值来看，大数据对于推动企业营销具有巨大的支撑和协同作用。企业在运行过程中，对于大数据的挖掘是至关

重要的。

数据挖掘是这样定义的："在大量相关数据基础之上进行数据探索和建立相关模型的先进方法。"换句话说，就是在大型数据库或者数据仓库中提取出隐含的、未知的、非平凡的及有潜在应用价值的信息或者模式。数据挖掘目前应用领域非常多，尤其是在电子商务企业运营过程中使用广泛。

大数据挖掘对于企业的发展具有极其重要的作用和价值，但是在大数据时代，完整的小数据比片面的大数据更有价值，因此，在大数据时代不能忽略对小数据的挖掘。

我们先从一部网络自制剧《纸牌屋》谈起。2013 年，制片人 Netflix 自制的《纸牌屋》火了，仅在一季度内其营收额就创下了历史纪录，达到了 6.38 亿美元，成为历史同期收视率最高的网络剧，并且 Netflix 在一季度内就获得了 203 万新订阅用户。很多人认为 Netflix 的《纸牌屋》之所以火爆，是因为 Netflix 充分挖掘了海量用户的数据，并且深入分析的结果，从而成就了 Netflix 在美国拥有 2700 万订阅用户、在全世界拥有 3300 万订阅用户的好成绩。

但是，这些大数据的挖掘和分析其实也存在某些局限性，因为人是感性的，人的喜好和追求是会随着时间的变化而变化的，而这些数据只能告诉 Netflix 当前观众喜欢什么，而没有办法告诉 Netflix 他们未来会喜欢什么。往往很多时候，"黑天鹅"事件就会突如其来，一切看似一成不变的事物都会发生突变。数据的获取方式、数据产生的环境、数据的结构是否完整等，都能够影响数据的价值，影响企业对人们喜好的判断。因此，仅仅凭借一些冰冷冷的数据统计，如果没有融入对消费者个性化的生活和消费场景的细心观察的数据挖掘，很难真正洞察到消费者内心的驱动力是什么。结构不完整的数据往往是抹杀个性化差异的"真凶"，而商业创新和差异化的核心实际上是源于"不同"，而并不是"相同"。

举个简单的例子。有人认为从社交媒体挖掘获得的数据可以帮助企业预测商业未来趋势，也有人认为通过挖掘搜索引擎产生的数据可以预测商业的未来，但是这两种观点实际上都是将个别的节点和界面数据夸张化了。从渠道所获得的数据并不一定都能够准确地预测商业趋势。因为，无论是搜索引擎还是社交媒体，都只是众多数据挖掘的渠道之一，是局部而并非全部。

我认为，要真正地实现商业预测，首先要做的其实是掌握完整结构的数据，而不是片面地追求局部的大数据，完整结构的小数据挖掘比片面结构的大数据挖掘更加有意义和价值，对于企业的营销更加有益。

2.7　将大数据与小数据有机结合

与小数据相比，大数据更加海量、实时、全面，这也是小数据所欠缺的。也正因为这一点，在大数据时代，个人调研所获得的数据信息才更有价值。大数据与小数据的有机结合，可以为企业进行数据化决策提供更有价值的商业分析，如图 2-9 所示。

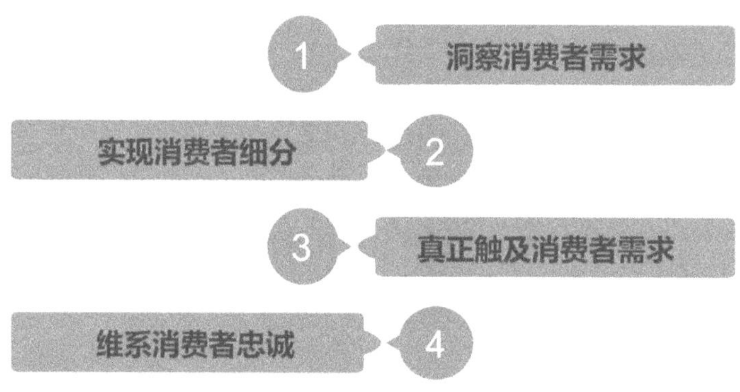

图 2-9　大数据和小数据相结合的商业价格

首先，大数据与小数据有机结合，可以洞察消费者需求。

通过汇总行业数据，根据用户行为的所获得的已知数据来提炼真实的目标用户，通过有针对性地利用抽样调查的方式来获得用户的态度数据和部分行为数据，将大数据与小数据有机结合起来，可以实现大数据与小数据的互补，利用小数据来帮助预测未知大数据，最终洞察消费者需求。

其次，大数据与小数据有机结合，可以实现消费者细分。

企业通过媒体浏览行为、电商购买行为、第三方交易行为等方式获取大数据，另一方面通过市场调研，包括人口统计、消费者心理研究、消费者品牌认知、消费者购买意向等获得小数据，将大数据与小数据相结合，就可以利用数据挖掘工具和用户细分模型获得用户群（如学生、年轻女性、家庭主妇、大龄妈妈、男性用户等）的特征，从而实现消费者细分，便于更好地分析用户价值及建立预防用户流失的对策。

以下以护肤品电商为例，如表 2-1 所示。

表 2-1　用户价值分析及预防用户流失对策

序号	用户类型	用户特点	用户对产品的需求（用户价值）	预防用户流失对策
1	学生	A. 资金来源有限 B. 保养意识较弱 C. 有进取心 D. 购物欲较强	A. 性价比高的产品 B. 保养指导	针对其资金来源有限、保养意识较弱的特点，正确引导用户选择适合其自身的化妆护肤品
2	年轻女性	A. 包括白领、年轻妈妈 B. 资金丰厚 C. 保养意识强烈 D. 购物欲强烈	A. 质量高、有档次的品牌产品 B. 正确、高效的保养指导	根据白领的工作环境以及其使用化妆护肤品牌的习惯等特点，制定专属的化妆护肤产品，以满足用户防辐射、护肤的要求
3	家庭主妇	A. 部分白领、家庭主妇 B. 资金丰厚 C. 保养意识强烈 D. 购物欲强烈	A. 质量高、有档次的品牌产品 B. 正确、高效的保养指导	根据家庭坏境以及其使用化妆护肤品牌的习惯等特点，制定专属的化妆护肤产品，以达到防辐射、护肤的目的
4	大龄妈妈	A. 靠近中年的大龄妈妈 B. 资金丰厚 C. 保养意识不太强 D. 经济实惠购物型	A. 经济型的保养指导	针对大龄妈妈的肤质特点及消费理念，制定出更加适合大龄妈妈的经济型护肤产品
5	男性用户	A. 年轻、高端男性 B. 资金丰厚 C. 爱保养 D. 喜欢给自己的妻子买	A. 正确、高效的保养指导	根据男性的工作环境特者以及使用产品的品位，提供更加切合实际的保养护肤产品

再次，大数据与小数据有机结合，可以真正触及消费者需求。

在大数据方面，企业通过挖掘消费者的消费行为数据，获得消费者的搜索偏好、广告 / 推荐点击率、广告 / 推荐转换率等数据信息；在小数据方面，企业通过问卷调查的方式获取消费者搜索偏好、广告偏好、需求等数据信息。这样通过与企业原来的营销决策相对比，企业可以有效地改进广告推广方式，有针对性地向消费者推荐个性化产品，从而真正触及消费者需求。

最后，大数据与小数据有机结合，可以维系消费者的忠诚度。

企业从消费者行为中获得消费者购买数据、消费者交易数据，另一方面通过对消费者的调查，获得消费者对产品属性的评价以及喜好程度的评价等数据，将获得的数据相融合，企业可以对这些数据进行深入分析，建立产品预警，并对产品的不足之处加以改进，对营销活动渠道、方式进行调整。只有消费者对产品和服务的体验感到满意了，企业才可以很好地维系消费者的忠诚度。

总之，大数据帮助企业捕捉消费者的精细行为，而小数据则通过细微之处洞察消费者心理，大数据与小数据的有机结合可以为企业提供更多的营销新见地，有助于企业实现精细化营销。

用小数据进行精细化管理的企业才是好企业

如今，大数据在人们的生产、生活中的作用越来越大，并且所带来的财富也是显而易见的。因此，人们对于数据的钟爱与日俱增。比如，需要说明一个情况，或者需要论证一个观点的时候，往往是事实胜于雄辩，没有确凿的数据做铺垫，是很难有说服力的。相反，如果能够拿出更加精准的数据进行分析，那么获得的支持就大不一样了。对于企业来讲，谁能够掌握大数据，谁就有话语权，谁就可以借助大数据快速实现精细化管理。但是，在利用大数据的时候，还需注重小数据的挖掘和应用。在很多时候，小数据在精细化管理中的作用是不可估量的。由此可见，不懂得用小数据进行精细化管理的企业不算是好企业。

3.1 随机采样，用最少的数据获取最多的信息

以往只有大型企业或者政府机构才有能力进行大规模的数据采集，并且具备数据分析的能力。

政府用收集来的数据来管理国家。最为普遍的应用就是做人口普查。人口普查是一种用来广泛搜集人口资料的最基本的科学方法，包括对人口资料的搜集、数据汇总、资料评价、分析研究、编辑出版等，是全国人口数据的主要来源。虽然人口普查是一件耗时耗资的事情，但是并不能完全涉及所有的人口，也不能保证将所有人的信息全部准确无误地记录完整。这是因为政府进行人口普查的时候，各种原因导致不能保证所有人都能到场接受普查，这样就使得样本带有一定的随机性以及不全面性。

数据微观察

其实大数据的出现比我们想象的还要早很多。几乎每个朝代都要做的人口普查就是一个海量数据收集的过程。如何将这些搜集起来的数据加以处理，一

直是领导人思考的问题。国外也面临同样的情况，美国宪法规定，美国每 10 年做一次人口普查，其 1880 年人口普查的数据用了 8 年才处理完，然而 1890 年的人口普查马上就要开始了，当时预计这次数据处理大概需要花 13 年的时间。这样的话，下一次人口普查就根本没法进行了。在这个问题让人头疼的时候，有人发明了穿孔卡片制表机，使得 1890 年的人口普查只用了 1 年时间就全部完成。因此可以说，正是人口普查带来的大数据催生了现代的信息产业。

针对这一点，有人认为通过大规模、全国性的人口普查也并不能对所有人进行普查，反而耗时耗资，与其如此，还不如重新开辟一条信息收集的道路，即采用对随机样本搜集的方法，可以用较少的花费做出人口特征推断，这样既精准又快速。如今美国人口普查局每年都采用随机采样的方法对经济和人口进行 200 多次小规模的调查，而不是像以前一样每 10 年进行一次大规模普查。事实上，根据当下的人口动态来看，每年人口处于流动的状态，10 年普查一次，仅仅是对当年的人口情况进行了普查，而每年对不同的区域进行 200 次小规模的普查，可以更好地、更加精准地得知 10 年里每年每个区域的人口变化、人口特点，因此，根据后者得到的数据推断的精准性则更高。

显然，随机取样成为了一种应对信息过量的有效方法，实际上也是小数据取胜于海量、繁琐的大数据的一种方式。如今，在商业领域中，随机采样应用得也十分广泛，很多时候被用于进行商品质量监管工作。采用随机采样的方法，可以更容易地监管商品质量和提升商品品质，并且无论是时间还是资金方面的耗费都有了很大幅度的缩减。以往进行全面质检的时候，要求对每件产品一一进行检查，而现在只需对一批商品随机抽取部分样品进行检查就可以了。

一个饮料生产商每生产一批饮料都会对该批产品进行随机取样，检测该批产品是否合格。如果按标准每瓶饮料的瓶装量为 500mL，产品容量波动值设定为 A 的范围内为合格；密度标准为 $1.006g/cm^3$，产品密度波动值设置为 B 的范围内为合格；食品添加剂不超过 C 的为合格产品……该饮料生产商对该批产品从不同的 10 个生产线上平均随机抽取 1000 瓶进行检测，如果每项检测值都在标准范围内，那么该批饮料为合格产品，如果抽取的这些样品中有不达标或超标，以及数据异常、与以前分析结果不同、生产未出现波动但结果出现波动的产品，则需要及时复核，确认为不合格产品时，均需要重做，有需要修改时，要按照要求填写，确保分析数据的准确性，以改进产品质量，达到合格标准。

这样看来，随机取样的方法的确比将全部产品都拿出来——检测容易很多，通过这种随机取样获得更加全面的数据的方式让大数据问题变得切实可行。在大数据时代，随机取样成为了企业测量领域的主要方法，可以说这是在不可能收集和分析全部数据信息情况下的一条非常有效的捷径，随机取样的方式可以帮助企业更好地用最少的数据获得最多的信息，因此从某种意义上来讲，样本 = 总体。这也是现代企业运用随机取样获取全面小数据的一种方式。利用随机取样的方法，可以快速、精准地推断产品质量是否合格以及企业运营机制是否完善等，从而帮助企业更加高效地做出精准的决策。

美国达拉斯加冰库商约翰·杰佛逊·格林创立的 Southland Ice Company 公司率先提出了连锁便利店的概念，并由此打造出了 7-Eleven 商店，目前该商店已经遍及全球 20 余个国家和地区。20 世纪 70 年代的时候，公司剥离了日本店铺，日本 7-Eleven 便应用而生。它刚成立的时候，铃木作为日本 7-Eleven 的首任 CEO，提出把这种小型便利店的盈利能力焦点集中在库存消速度上。于是，铃木把订货这项重要决策交到了 7-Eleven 的 20 万员工手中。铃木认为，即便这些销售员工都是兼职的，但是他们与消费者接触得更加密切，掌握的信息更加丰富，他们更能全面了解消费者，通过他们选出的商品则会更加畅销。他给每一个店铺每天都发放前一天及去年的同一天的销售报告，并且不定期地发送天气预报等相关信息，以及其他店面的销售情况。7-Eleven 销售的都是新鲜食品，铃木每天送货 3 次，这样就很大程度上满足了用户的即时需求。铃木还要求售货员与供应商之间建立联系，方便随着用户需求的变化来随时扩充商品类目。正是由于铃木的这些决策能够很好地使用小数据，才创造了 7-Eleven 在日本最赚钱零售商宝座上雄踞 30 多年的大作为。

在进行随机取样的时候，总体中的每个样品被抽中的概率是完全相同的，完全是由许多随机因素综合作用来决定的，这样既排除了取样时人的主观随意性，也排除了人的主观能动性。这也是当前很多企业利用随机取样的原因之一。当然，在这里也有一点要提醒大家，在总体变异性较大时，随机抽到的样本的代表性也是比较差的，这方面也是企业在进行随机取样时应当注意的。

3.2　小数据挖掘是企业精细化管理的需求

目前，数据挖掘在国外发展得很好，但在我国还处于起步阶段，数据挖掘的应用主要集中在大型电子商务网站、银行、医院、旅游和智慧城市等领域。像淘宝数据魔方、亚马逊大数据平台、百度大数据分析平台、腾讯大数据分析平台等，不一而足。这些数据平台犹如金矿一般颇具价值。但是只占有金矿而不会挖掘的话，无论如何也变不成富翁。同样，仅仅拥有大数据平台或者海量数据，并不代表企业的发展就会有美好的前景。关键还是看如何去挖掘这些价值不菲的数据。小数据的挖掘也是企业进行精细化管理的需求。

数据微观察

淘宝数据魔方是淘宝网 2010 年为开放网站所有的交易数据而建成的一个数据平台。数据魔方具有多种功能，可以分析淘宝平台行业趋势和规模，可以有效地分析买家行为数据，提供热销榜单、搜索分析，以及帮助卖家店铺分析访客行为等。即便是淘宝数据魔方，为了让用户更加了解网购趋势而向外开放了交易数据，但这样并不会将任何有关买方和卖方的个人信息泄露，很好地保护了个人隐私。例如，淘宝用户可以对服装或化妆品类别当中多个品牌的销售情况进行对比，也可以在淘宝数据魔方中查看性别和年龄段等个人因素对消费者的影响情况，这样便于更好地选择心仪的商品。

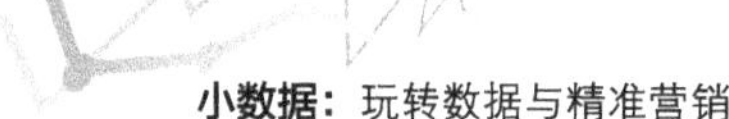

京东拥有丰富的数据源，数据挖掘以及应用所带来的价值，为京东的业务成长提供了十分重要的技术驱动力量。京东一直坚持业务和技术的双导向策略，把数据的价值挖掘出来，不但对京东而且对京东的众多合作伙伴都具有巨大的推动作用。在数据挖掘技术的改进与完善上，京东利用深度神经网络（DNN）、图像识别、图形处理器计算集群等来提升其挖掘能力。

3.2.1　数据挖掘的五大功能

数据挖掘是从数据库中提取隐含的、未知的、非平凡的以及有潜在应用价值的信息或模式。数据挖掘是数据库研究中一个非常有应用价值的全新领域，融合了诸多先进技术和理论，如人工智能、机器学习、统计学等。

由于数据挖掘综合了多种学科和技术，因此其主要功能表现如下，如图 3-1 所示。

（1）**数据总结**。这一功能实际上是继承于数据分析中的统计分析。之所以进行数据总结，其目的就是为了将数据进行浓缩，并给其一个紧凑的描述。通常使用的统计方法有求平均值、方差值等，另外还可以用饼状图或直方图等表达这些值。

（2）**分类**。分类的目的就是构造一个函数或分类模型，该模型可以把数据库中的数据项映射到给定的类别中的某一个。要构造分类器，首先就需要输入一组训练样本数据。训练集由一组数据库记录或元组构成，每一个元组是一个由有关字段值组成的特征向量。

分类在实际数据挖掘过程中的应用是十分广泛的，例如，可以对银行贷款用户进行分类，从而降低贷款的风险。另外，也可以通过建立分类模型，对工厂机器的运转情况进行具体的分类，用来预测机器可能会出现的故障，从而及时进行故障检修，防患于未然。

图 3-1　数据挖掘的五大功能

淘宝店铺根据以前的数据将用户分为不同的类别，现在根据这些类别来区分新的目标用户，通过新的目标用户所对应的类别给其提供相应的产品推荐方案。

（3）聚类。聚类就是将整个数据库分为不同的群组或族群，其目的就是为了将不同的群与群之间的差异化表现得更加明显，而使同一个群之间的数据量表现得尽量相似。其实这种方法通常应用于用户细分。在进行用户细分之前，并不清楚可以积累用户氛围，通过聚类分析可以找出具有相似性的用户群体，包括年龄相似、消费方式相似、消费喜好相似等。在这个基础上可以为不同群组的用户制定有针对性的消费方式。

分类和聚类看似十分相似，但实际上两者之间是有一定区别的。分类可以预测未来，而聚类对未来一无所知，并不知道要将用户划分为几个组和什么样的组，也不知道根据哪些空间区分规则来定义组。

（4）**关联分析**。关联分析就是寻找数据库中值的相关性，即一个事物的出现可能会导致另一个事物随之出现，两个事物之间存在着既定的相互关系。

用户购买产品的订单中有些产品是有关联的。比如买了羽毛球，就很有可能买羽毛球拍。

（5）**偏差的检测**。对分析对象的特别的、少数的、极端化的特例进行描述，从而揭示其内在的原因。

某企业在近期的 100 例交易之后，发现销售额并没有增加，反而有所降低，因此，该企业为了扭转这种利润下滑的局面，就会从近期的这 100 例交易中寻找内在因素，从而改善营销策略。

数据挖掘的这些功能并不是独立存在的，它们之间具有互相关联的作用，在数据挖掘中通过相互关联而发挥作用。

3.2.2 从常规渠道着手挖掘小数据

小数据挖掘的功能与数据挖掘的功能有所不同，是由其挖掘渠道来决定的。

小数据的挖掘渠道也很简单，常规渠道一共有如下 3 个，如图 3-2 所示。

图 3-2　小数据挖掘的 3 个常规渠道

1. 用户渠道

在用户渠道方面，商家可以通过进行问卷调查的方式，挖掘有关用户的详尽信息，包括用户对产品的期望（材质、样式、颜色、形状、大小以及做工等）、喜好厌恶程度等方面的数据信息。

客户满意度及需求调查表

尊敬的客户：

　　您好！

　　首先感谢您一直以来对我们产品的支持和信赖，为了充分了解您对我们公司产品和服务的满意度，进一步提升产品和服务质量，请您在百忙之中填写此份问卷。您所提出的每一项宝贵意见和建议，都将成为我们前进的方向，最终我们会为您提供更加优质的产品和服务。

姓　　　名：	性别：	联系电话：
邮件地址：		日期：　　年　　月　　日

调查内容：

1.您是通过何种方式购买我们的产品的？

　　☐ 连锁店　　☐ 媒体　　☐ 网络　　☐ 亲戚或朋友推荐

2.您对我们的产品满意度如何？

　　☐ 非常满意　　☐ 一般　　☐ 不太满意　　☐ 非常不满意

3.您对我们的产品的购买意愿是什么？

　　☐ 非常想买　　☐ 急需　　☐ 可有可无　　☐ 没有必要

4.您对我们的产品哪些地方是不满意的？

　　☐ 外观　　☐ 功能　　☐ 材质　　☐ 工艺

5.对产品不满的地方，请您给予意见或建议：

　　☐ 外观

　　☐ 功能

　　☐ 材质

　　☐ 工艺

6.您对我们的服务是否满意？

　　☐ 非常满意　　☐ 一般　　☐ 不太满意　　☐ 非常不满意

7.　对服务不满的地方，请您给予意见或建议：

　　☐ 售前

　　☐ 售中

　　☐ 售后

2. 商品、服务渠道

从商品本身出发，挖掘产品使用满意度评价、服务满意度评价，从而聚拢大量的有关某一商品的材质、样式、颜色、形状、大小、功能及做工、工艺等方面的信息反馈。

3. 商家渠道

商家是商业活动的发起者，在整个买家与商家进行交易的过程中，商家的作用是至关重要的，无论是产品方面还是服务方面，以及商家自身营销策略方面，都直接影响着买家的购买行为。因此，我在这里在重点强调一下，商家应当重视挖掘自身有价值的数据信息。

（1）**不同的流量来源**

流量的来源通常有很多渠道，像运营中参加活动的潜在用户、近期老用户的回访、站外淘客等，都是流量的最主要来源渠道。因此，商家要针对不同渠道的流量的人群特征、购物习惯、心理路径等，使之与相应的页面商品陈列相匹配，再现流量数据特征。

（2）**店铺内各关键转化点**

关键转化点不同，其用户的转化率也是不尽相同的，因此，要分别对各个转化点的用户需求进行考量。一方面，盘点回头客需求数据；另一方面在客服接待过程中寻求数据信息。

企业自身数据的挖掘可以划分为以下两大类。

第一类是与产品相关的数据，包括围绕企业产品相关的研发、设计、原材料、生产、制造、反馈的数据。

以产品的相关数据为例，对产品进行全方位透视，企业所从事的一切事物与活动都是以能够满足用户的产品需求为原则的。因此，如何开发产品，然后将其快速送到消费者手中，实现价值转化，这是企业更为关注的问题。产品的系列、型号、尺寸、大小、生产周期、原材料的采购、系统配送等这些数据都属于产品的相关数据范畴，这些数据全部结合起来构成了产品的相关数据。所以，企业在挖掘自身数据的时候，这些产品的相关数据都是需要重视的。

第二类是与服务用户相关的数据，包括围绕目标用户的售前、销售、客服、运维、活动、用户管理关系等数据。

产品在生产阶段之后，其最终的归宿就是被销售到用户手中，然而在销售过程中就会与用户之间通过短信、邮件、语音、微信、微博等诸多现代沟通手段，在售前、售中、售后、用户管理关系方面产生大量数据，这些数据对于产品营销量、用户转化率、成本控制等有很大的影响，且都属于与服务用户相关的数据，企业对这方面的数据的挖掘也不应该忽略。

所谓知己知彼，百战不殆，将通过挖掘以上 3 个渠道所获得的小数据加以重构，结合企业外部大数据加以整合，形成大数据平台，再对用户进行标签化研究、分析。从消费者心理和行为数据两方面分析消费者真实的需求，并对消费者进行细分；从企业内部数据和外部大数据（包括市场数据、竞争对手数据等）方面进行分析，明晰自身不足之处，以及有待完善和改进的地方。另外，再结合消费者反馈的数据信息，使得消费者信息、企业内外部信息、消费者对产品和服务的反馈信息三者之间形成完整的闭环，从而帮助企业更加有效地提升自身的产品和服务质量，使得消费者的需求得以满足、体验达到最优化。这也正是企业结合大数据与小数据，在精细化管理中的高效应用。

3.3　精细化管理中，数据虽小，却也很美

前文也讲到过精细化管理，那么精细化管理究竟是什么呢？我们在这里对精细化管理进行深剖。

现代管理学中将科学化管理分为 3 个层次：第一层是规范化，第二层是精细化，第三层是个性化。精细化管理就是使管理责任得以落实，将管理责任具体化、明确化，并要求每一个管理者都要管理到位，要尽职尽责，每天都要对

当天的情况进行检测，发现问题及时改正和完善。精细化管理的定义是这样的："精细化管理就是通过制度化、程序化、标准化、细致化和数据化的手段，使组织管理单元精确、高效、协同和持续运行，做到管理责任具体化、明确化。"

数据微观察

关于精细化管理，其最早的提出者来自日本。1979 年，丰田汽车公司前副社长大野耐一先生所著的《丰田生产方式》一书出版，向人们展示了丰田公司卓越的准时化、自动化、看板方式、标准作业、精细化等生产管理的各种理念，自此，"精细化管理"的概念便诞生了，"精细化管理"也叫"精益化管理""精益化生产"。之后，美国麻省理工学院的詹姆斯·P.沃麦克教授等人将"精细化管理"在全球范围内加以推广，使得"精细化管理"风行于世。

万科董事长王石也曾经说过："精细化是未来十年的必经之路。"他一语道出了精细化管理在企业发展过程中的重要性，分析当前的市场发展局势：随着经济的不断发展，以往的粗放型经营模式已经改头换面，实现了由大批量生产管理向精细化管理的转变，这成为整个经济市场中不争的事实。特别是在行业竞争不断加剧的情况下，行业内的竞争对手越来越多，竞争越来越激烈，企业要想在市场中站稳脚跟，做大做强就是必然的。即便影响企业获利的内外部因素很多，但是内部管理也是一个极为重要的因素。如何洞察市场的变化、如何制定精准的方针、如何扩大自己的利润来源、如何增加流量、如何挽留住自己的用户、如何减少企业的成本等问题，都是悬在企业头上的利剑，亟待解决。精细化管理可以让这些问题迎刃而解。

加强企业的发展能力、增强企业的应变能力，能够规划好每一分钱、用好每一分钱、赚到每一分钱，这必然是每个企业都想实现的愿景，精细化管理就可以帮助企业实现这一愿景，从而达到低投入、低消耗、低成本、高产出的目的。

精细化管理有 4 个特征：强调数据化、精准化；持续改进，不断完善；以人为核心；注重创新，如图 3-3 所示。其中最重要的一个特征就是强调数据化、精准化，因为数据化、精准化是精细化管理的核心，是实现其他 3 个特征的基础。企业进行科学化管理，就是要使每个管理环节都能数据化，而有了数据化，精准性则是必然的。

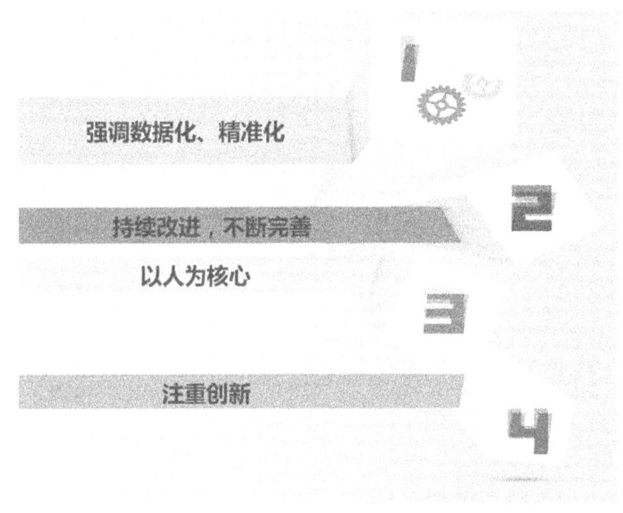

图 3-3　精细化管理的 4 个特征

在数据化、精准性的基础上，严谨就必然成为一种惯性思维和行为，采取精细化管理的企业就必然会在执行每一个细节时做到数据化、精准化，这样的企业制定的企业营销策略也必将更具科学性和可操作性。因此，可以说，企业精细化管理的主要原则就是一切用数据说话，用动态的数据反映运行状态，通过利用动态的管理控制运行过程，以管理的数据化、精准化推动管理的科学化，从而真正实现精、准、细、严的精细化管理的核心理念，从而实现企业管理的细化、量化、程序化、标准化、精益化、协同化、经济化和实证化。

餐饮界中知名的徐记海鲜，其经营过程中就采用了精细化成本管理的方式，成就了其在餐饮界的辉煌成绩。餐饮界公认的经营难点就是成本控制。作为餐饮与服务相结合的特殊行业，餐饮业有自己鲜明的行业特点：经营环节多而复杂、管理点和信息琐碎凌乱、产品规格较多、生产过程和时间较短、生命周期较短、生产量难以预测、原材料和产品容易短时间内变质、成本泄漏点多、耗点多，所有的这些使得餐饮业的成本流失很难得以控制，造成巨大的灰色空间，使得竞争力难以提升。也正是基于这些原因，餐饮业对于管理方面提出了很高的要求，优秀的管理方式可以增加企业的成本管控能力，提升企业的竞争力，只有这样才能保证企业的健康发展。针对这些问题，徐记海鲜经过长期的摸索，在不断实践的基础上形成了一套全新的管理模式——目标成本管理模式，该模式被业界广泛称道和争相效仿。

徐记海鲜之所以能够成功实现其全球采购战略，能够将全球顶级海鲜食材以亲民的价格提供给用户，一方面，归功于其创办 15 年来拥有的每年 400 万人的稳定客源，从这些客源身上可以获得用户的相关信息数据，包括心理数据、行为数据等，并且深入分析自身在各方面的数据信息，包括销售数据、运维数据、客服售后数据、交易数据、投诉建议数据等，结合外部市场搜集而来的大数据，通过对这些数据进行分析、整合，获知用户需求。另一方面，徐记海鲜的前身就是海鲜和农产品原材料的供应商，借助这个优势，徐记海鲜成立了上百个专业养殖基地，省去中间渠道的环节，从而从源头进行大量集中采购，为消费者提供更有针对性的、性价比更高的、更加优质的海鲜产品和服务。这些内外数据共同推动了徐记海鲜的精细化管理的实施。

徐记海鲜的聪明在于利用数据说话，通过收集大量消费者的心理数据、行为数据，以及其自身内外部数据，并进行分析、整合，为其进行精细化管理提供了精准的依据。消费者的心理数据作为小数据来讲，在整个数据挖掘的过程中起到了核心作用。无论是挖掘到的用户行为数据、营销数据，还是客服售后数据、交易数据、投诉建议数据等，其实都是为消费者的心理数据服务的，充分体现了精细化管理以人为核心的特点，对于这一点，是与小数据以人为本的特点相吻合的。由此，我们不难发现，在精细化管理中，小数据虽然渺小，但却很美，很有魅力。可以说，小数据是精细化管理实现的基础。

3.4　分析小数据对实施精细化管理的支持

面对日益激烈的市场竞争，企业总会思考明天怎么办，明天的"早餐"在哪里。这是无论小企业还是大企业都面临的问题。对于这一点，我在日常工作中也经常做出一些总结，其实无论小企业还是大企业，其经营的最终目的都一样，都是在遵纪守法的前提下获取巨额盈利。

战略管理大师迈克尔·波特认为："战略的本质是抉择、权衡和各适其位。"要做大做强，这是每个企业都希冀的。采取不恰当的经营模式和发展战略，犹如穿了一双并不合脚的鞋子，既束缚了脚的成长，走起路来又容易跌跌撞撞，同样，精细化管理缺位，就必然会导致企业在经营过程中越走越偏离目标，结果导致无法在市场竞争中顺利地生存下来。

但是，小企业如果找到了适合自身发展的战略，无异于插上了一双可以腾飞的翅膀，就能够在广阔的市场中自由翱翔。就好比企业实施精细化管理，如果能做好，则未来的发展结果将大不一样。

在大数据时代，企业的精细化管理则显得尤为重要。精细化管理强调的是数据化和精准化，在这样的背景下，企业向更为科学、有效的精细化管理方向转变，也就成为了一种趋势。精细化管理强调的是各类数据的重要性、准确性，将管理标准化、数据化以及提高管理的精确性作为企业管理的目标，不再像以往那样光凭经验、阅历而得来"差不多"的结论，而是通过对数据的精确分析研究来确定具体如何实施企业运营计划。

以可口可乐公司为例。碳酸饮料 99% 以上都是由水、焦糖、咖啡因、碳酸以及其他辅料构成的，但是可口可乐却能成为全世界的知名品牌，并且每年都会有超过 4 亿美元的纯利润，而其他的品牌饮料的销量却远不及可口可乐。

可口可乐在全球市场中拥有 48% 的市场占有率，它能够在碳酸饮料市场上一骑绝尘，在于其中蕴含着 1% 的秘密，那就是可口可乐公司十分重视基于数据的精细化管理的应用。

以前我们很少在非省会城市以及二三级城市、农村看到可口可乐，因此可口可乐的渗透并不是很全面。为此，可口可乐公司总部就调整营销战略——开拓非省会城市的营销市场，要求业务代表对选定的所有饮料小店进行全面调查，保证散落在各处的小店的资料没有遗漏、不重复，每天调查 35 家或更多的零售店，并且要求对于小店数据的积累要按以下步骤进行：

"以大路为主线靠右行走，从何处离开主线就从何处回到主线，继续沿主线前进；每天在到达指定的区域内进行调查，不可跨区域调查；沿途遇到每一条街或巷子的时候，必须进入调查；无论地图上是否标出，只要沿途有街道或巷子都必须进入，并在地图上标明该段标图以及注意事项；如果发现地图与实际情况不符，要求用红笔标出，并及时改正……"经过这样详细的调查，可口可乐的员工不仅对小店进行了分类，而且还标出该店的主要特征，更重要的是有些优秀的业务人员还能够准确无误地描述出自己调查的小店中店主姓名和特长，以及他们的业务特征，并预测其未来的成长可能性。

数据微观察

大数据营销在企业营销中应用的比重越来越大，各广告主都试图利用强有力的数据挖掘技术获取海量数据，帮助企业快速成长，快速实现盈利。但是，随着对大数据了解的更加深入，我们发现，大数据在企业营销中能够创造的价值远远大于我们所预想中的价值，因此，我们要采取多维度的方式来充分利用大数据，从而让大数据为我们更好地服务。

可口可乐公司正是洞察到了这一点，并且加以应用。国内领先的独立第三方大数据公司 AdMaster 作为某次昵称瓶的大数据服务商，通过捕捉社交媒体过亿的数据，从中提取出最频繁使用的热词，然后进行多个维度（声量、互动性、发帖率等）的对比，选出了 300 个使用频率最高的热词。之后再通过可口可乐品牌部、公关部等对这些热词进行第二次筛选，保证每个最终确定的词汇都是充满正能量和积极向上的词汇。待最终结果确定之后，再将这些词汇印在可乐瓶子上的醒目位置。于是，像喵星人、小萝莉、大咖、文艺青年等这样的可口可乐"快乐昵称瓶"就诞生了。

可口可乐公司这种详细的调查方式实际上就是基于数据的精细化管理在实际运营中的应用。可口可乐公司的这种精细化管理方式使得调查所获得的数据相当精准，同时这些精准的数据也帮助可口可乐公司制定出了更加高效的营销决策。

"海不择细流，故能成其大；山不拒细壤，方能就其高"是对可口可乐公司最恰当不过的描述了。如果小的方面看不到、做不细致，就必然会造成大的漏洞；相反，如果能够从小处着眼，细处着手，那么，与其他企业相比，就更能提升竞争优势和竞争力。可口可乐公司的精细化管理正是从小处着手，获得诸多细微的、全面的小店数据，才使得其在产品和服务上有了别于其他碳酸饮料企业的精细改进，也正是由于这 1% 的不同，才使得可口可乐的市场占有率高于其他企业，这 1% 的精细改进拉动了可口可乐几倍于其他企业市场差别。对于消费者而言，这 1% 为其提供了购买时的便利，同时也决定了其 100% 的购买行为。

由此看来，微小、精细的事物是不容忽视的，往往这些看似不起眼的微小、精细的数据所带来的细微差距，却决定了企业制定营销决策的方向，决定了企业的市场占有率，掌握了企业发展的命脉。然而，也正是这些细微的小数据使得精细化管理成为可能，小数据在很大程度上支持了精细化管理的实施。

精细化管理是现代企业超越竞争者、超越自我的需要，同时也是打造卓越品牌企业的需要。现代经济市场中，精细化必将成为一种趋势。结合当前大数据时代的数据优势，在精细化上多下一番功夫，建立基于数据优势的精细化管理，才能保证企业基业长青、持续经营。

3.5 从小样本出发，落实精细化管理体系

《细节决定成败》一书的作者汪中求曾说道："在中国，想做大事的人很多，但愿意把小事做细的人很少；我们不缺少雄韬伟略的战略家，缺少的是精益求精的执行者；绝不缺少各类管理规章制度，缺少的是对规章条款不折不扣的执行。我们必须改变心浮气躁、浅尝辄止的毛病，提倡注重细节、把小事做细。"

古人也提倡"天下大事，必作于细；天下难事，必成于易"。对于专注于研究精细化管理的汪中求来讲，这番话确实说到了实处。无论企业大小，都应当将细节放在首要位置。

精细化管理的重点就是突出"精"与"细"，其精髓在于以下几点。

一方面，产品质量要精细、服务质量要精细，实施好产品质量和服务缺陷的改进措施，确保产品和质量能够形成精细体系，让消费者满意，为企业形成核心竞争力，为企业创建品牌和形象奠定良好的基础。

另一方面，企业内部凡是有分工协作和前后工序关系的部门与环节，其配合与协作需要做到精细化；企业生存和发展所需的环境需要达到精细化；企业的相关部门要处理好与用户、消费者之间的关系，要做到精细化。

在大数据时代，企业更应当明白精细化管理在整个企业运行过程中的重要性。大数据时代，精细化管理中包含了以下几种含义，如图 3-4 所示。

（1）**规范**。企业的整个系统中的每一个环节，包括产品研发、生产、销售、运输、售后等，都需要做到规范，从而符合企业系统的要求。如果不能做到规范化，那么整个企业的系统必将出现不协调。

（2）**科学**。企业的管理方法应当具备科学性，对于系统工艺流程以及生产过程中的各道工序、各个环节，都必须严格把控，有机结合。

（3）**周到**。周到意味着企业产品生产环节、销售环节、运输环节、售后环节都应当考虑全面，做到不留死角。生产环节，要求生产过程中的管理条例清晰，

层次明了，每一项产品的生产进行到了哪一步、进展程度如何，都应当一目了然；销售环节，要求按照消费者的个人喜好、购买习惯等为消费者推荐更加符合其需求的产品，让消费者满意；运输环节，要站在消费者利益的角度，为了避免运输过程中造成的不必要的损坏等现象的发生，按产品特点对产品运输过程中的包装采取防水、防潮、防虫、防腐、防盗等措施，保证产品安全地交到消费者手中；售后环节，售后本身也是一种促销手段，售后服务周到体贴，则更能赢得消费者的信任，增加消费者的重复购买率。

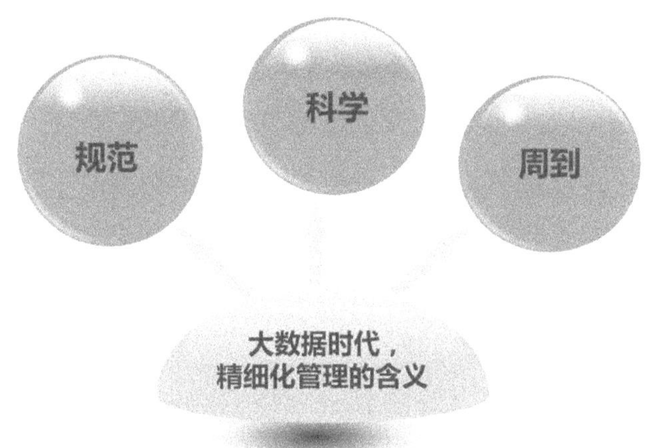

图 3-4　大数据时代，精细化管理的含义

然而，能够帮助企业实现精细化管理的规范、科学、周到的关键还是有效利用数据分析。在这方面，宝洁公司堪称典范。

宝洁公司推出汰渍洗衣粉的时候，市场占有率和销售量以迅雷不及掩耳之势一路狂飙，可是好景不长，没过多久，汰渍洗衣粉的这种冲劲儿就逐渐小了下来。宝洁公司为了全面了解造成这种情况的真相，就展开了一次市场调查。在调查过程中，有的消费者抱怨汰渍洗衣粉的用量较大。通过进一步追问，才知道其中的原委：汰渍洗衣粉的广告中，倒洗衣粉倒了挺长时间，让观众觉得用汰渍洗衣粉看似比用其他洗衣粉洗得干净，但事实上用量太多并不划算。于是，汰渍洗衣粉的品牌经理赶紧把广告找来，掐算了一下展示产品部分中倒洗衣粉的时间，一共用了 3 秒，而其他洗衣粉品牌广告中仅仅用了 1.5 秒。虽然是短短的 1.5 秒的差距，但却因为这一点细微的疏忽，汰渍洗衣粉的销量和品牌形象大打折扣，并且造成了一定的伤害。在收集到诸多调查结果之后，汰渍洗衣粉对收集到的这些数据信息进行分析、总结，及时着手改变了广告营销的方式，完善和改进了产品质量，使得其产品销售额逐渐回升，超过了以往的成绩，重新创造了辉煌的销售业绩。

宝洁公司的这种通过市场调查获取影响产品销量因素的方式，实际上也归功于其善于聆听消费者心声的行为。宝洁公司海纳百川的气魄，以及不讳疾忌医的态度，利用市场调查的方式，使其从每个受访者样本口中收获了更多、更全面、更真实的影响销量的数据信息，宝洁公司对这些数据信息加以整合、分析、总结，明确了精细化管理的方向，有针对性地在广告推广和产品质量两方面的管理上采取了相应的改进措施，最终取得了惊人的成绩。

实际上，精细化管理的本质就是对战略和目标分解细化和落实的过程，是让企业的战略规划能够有效贯彻到每一个环节，并发挥重要作用的过程，同时也是有效提升企业执行能力的重要手段。企业走精细化管理的道路，可以通过"精细"的思路获得影响关键性问题或者导致某个环节薄弱的数据信息，进而利用这些数据反向、分阶段地完善某一体系，并牵动修改相关体系，只有这样才能全面整合企业的所有体系，实现精细化管理工程在企业发展中的功能、作用。宝洁公司的案例就力证了这一点。宝洁公司正是发现了自身的薄弱环节，充分利用了小数据优势，从小样本出发，为企业寻找正确的精细化管理方向指明了道路，为落实企业精细化管理体系提供了重要的指导意见。由此，从某种角度上讲，我们可以说，在大数据时代，从小样本出发，精细化管理具有把企业引向成功的功能和可能。

小数据助力企业实现精细化营销

如今，市场竞争异常激烈，各个企业都在寻求一种更加具有竞争优势的营销方式，以击败竞争对手，占领市场。精细化营销已经成为当前极具竞争优势的一种营销模式，尤其是在电子商务领域，基于小数据的精细化营销的应用效果更加显著。

从用户细微处入手获得用户数据信息，将小数据与大数据相结合分析和研究用户需求，实现用户细分，已经在线上线下精细化营销中得以广泛应用，并且都获得了良好的营销效果，给商家带来了巨大的商机和不菲的营业额，可以预见，随着大数据挖掘技术的进步和方法的不断改善，用户细分将会给商界带来更加巨大的价值。

4.1　从局部小数据着手，探索市场精细划分的应用

谈及企业做营销的目的的问题，有很多答案：有人认为营销的目的就是赚钱；有人说营销的目的是更加深刻地认识和了解用户，从而使产品或服务完全适合用户的需求而形成产品自我销售，进而获利；有人认为营销的目的就是在给社会带来巨大财富的同时，能够获得相应的利润……事实上，不论大、中、小微企业，归根结底，其营销的最终目的就是实现企业利益的最大化。

在当下大数据时代的背景下，随着经济格局的不断变化，企业获取利益的营销模式也越来越多，这是激烈的市场竞争的需求，也是企业获取利益最大化的需要。精细化营销已然成为当下企业极为关注和推行的营销模式。

精细化营销之父莱斯特·伟门是这样定义的："精细化营销是改变以往的营销渠道及方法，以生产厂商的用户和销售商为中心，通过电子媒介、电话访问、邮寄、国际互联网等方式，建立用户、销售商资料库，然后通过科学分析，确定可能购买的消费者，从而引寻生产厂商改变销售策略，为其制定出一套可操作性强的销售推广方案，同时为生产厂商提供用户、销售商的追踪服务。即

企业恰当而贴切地对自己的市场进行细分，并采用精耕细作式的营销操作方式，将市场做深做透，进而获得预期效益。"

简单来讲，实际上精细化营销是在精准定位的基础上，借助现代信息技术手段，如大数据、互联网等，建立个性化用户沟通服务体系，进行市场精细划分，从而实现企业的低成本扩张之路。

因此，借助数据资源优势，对市场进行精细划分已经成为企业实现精细化营销的关键。企业要做精细化营销，首先要从市场的精细划分做起。

4.1.1　销售策略各有侧重

在以往，企业进行销售，可以简单地将用户进行划分，通常划分为潜在用户和目标用户，而如今，随着用户属性、价值的不断变化和增加，用户就被划分为不同的群体结合。由此，我在研究中发现，针对这一点，企业的营销策略也相应有了不同的侧重点。

以洗护市场为例。飘柔：洗护二合一，让头发飘逸柔顺；海飞丝：头屑去无踪，秀发更出众；沙宣：美发沙龙，我们的光彩来自你的风采；潘婷：拥有健康，自然亮泽……从这些洗发水广告中，我们不难发现，宝洁公司是多么地注重用户细分，根据不同的用户需求提供不同用途的洗发水，达到精准营销的目的，从而在中国日化行业攻城掠地。企业如果能够为营销策略设置不同的侧重点，注重精细化营销和用户细分，就可以拥有像宝洁公司占据中国日化行业的半壁江山那样的业绩。

在市场产品日趋同化、市场竞争越来越激烈的今天，用户对产品的需求已经不仅仅局限于产品质量，而且更加注重个性化以实现与众不同的效果，这时就产生了对产品的个性化需求。企业要想迎合用户的这种对于个性化的需求，就必须对用户进行细分，根据不同种类的用户需求为其制定有针对性的产品和服务，最终达到精细化营销的目的。

如今，在大数据不断发展的时代，汽车行业也发生了前所未有的变化，全新的商业模式代替了传统模式，实现了车险用户的细分。保险公司通过对与汽车相关的大量数据建立分析模型，并且详细收集用户车辆信息，主要包括基本行车路线、路线危险系数、行车习惯、事故发生频率等，通过这些信息判断用户的车辆使用情况，另外还通过收集车辆数据，包括车型、内置功能、材质，以及通过调查获取用户数据，包括车型、性能、材质、能耗等方面的数据，将其加以整合、分析，然后针对每个用户的特点和需求为其定制专属的车险费率，实现了真正的私人定制。与此同时，保险公司也实现了精细化营销。

该保险公司对于车辆数据和用户数据的收集，其实就是从局部小数据着手将车辆数据与用户数据结合，加以分析，再与外部用户车辆大数据信息进行匹配，从而让用户购买到更加适合自己的车辆。这种做法就是通过用户特征进行市场细分来实现精细化营销的。市场细分是为了把用户归置到同一类群中，每一类群拥有共同的需要和想法，可以归到同一细分市场中，可以有针对性地制定一个共同的解决方案来展开行动。由此，企业可以根据侧重点不同来制定高效的产品销售策略，进而赚得盆满钵满。那么在大数据时代，如何有效利用局部小数据对市场进行细分并进行精细化营销呢？方法如图 4-1 所示。

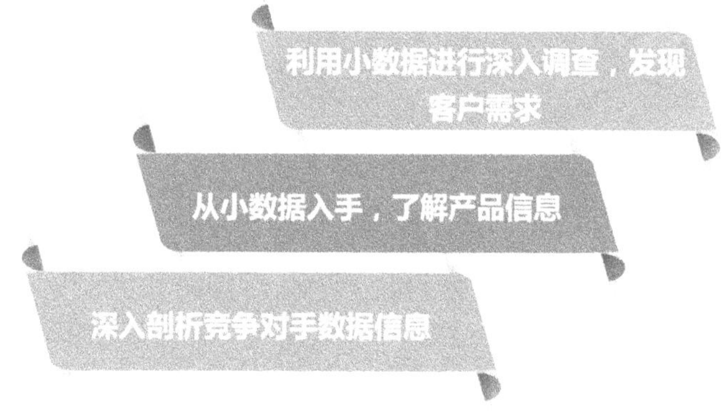

图 4-1　小数据在精细化营销中的作用

首先，利用小数据进行深入调查，发现用户需求。

信息技术的不断发展，使得采集数据的技术渠道和方式越来越多，因此人们获取的数据量也越来越多。因此，通过深入调查，明确用户对产品的喜好程度（非常喜欢、一般喜欢、不喜欢、厌恶）、喜好类型（外观、性能、功用、材质、工艺等）、购买意愿（非常想买、可有可无、没有必要）等方面的数据，并将从每个用户那里获得的数据加以整合、分析，进而对市场加以细分。通过这些用户数据信息，企业可以定制适合不同用户、不同使用场所、不同使用时间、不同购买目的、不同生活方式的个性化产品，实现各个细分市场的产品精细化定位。

褚橙具有鲜、爽、甘、甜、诱人的特点，无论从其种植环境到果实培育，从重量的选择到口感的超越，都做到了极致。另外，在一家天猫店铺里售卖的新西兰进口苹果，经过一番精心包装打造之后，马上被赋予了贵族血统，并被冠以"一体成型的产品结构""甜度跑分""Able Care 服务"的标签，并且声称是南半球最好吃的苹果，也正是如此，使得该苹果的售价飙到了 6.5 元 / 个，即使价格不菲，但是经过精心包装之后，22000 份在短时间内一抢而空。苹果的这种创新营销方式还只是冰山一角，褚橙、潘苹果和柳桃等也都在这方面进行了尝试，借助电商平台以及互联网思维的影响，吸引了一大批粉丝和消费者对该类产品给予极大的关注，并且纷纷前来购买。这种互联网外衣下打造出来的创新营销方式的确是成功了，也正是如此，使得越来越多的水果商家都在这方面进行大胆效仿和尝试。

为什么售价如此高的水果却依然有人抢着购买？其中一个主要的原因就是小数据的应用。因为，这种创新的卖水果方式既大胆又新颖，是建立在对广大消费者的需求调查的基础上的。普通消费者多以物廉价美的商品作为购买对象，但是也有消费者具有"大佬情怀"，在购买商品的时候，并不是在购买这个物品，而是在购买一种品位和奢华，要用这种具有"极致特色"的产品来证明和体现自己有优于他人的经济实力和地位。

同样的道理，像正谷家宴打着"有机品牌"口号，像大众消费"有机食品"，也正是通过分析小众群体的需求数据而产生的一种有效的营销手段。当前食品安全和健康需求成为人们所追求的一种品质，这个基础上的消费市场潜力是非常巨大的。人们往往将更多的注意力放在了产品能否给人带来健康生活和品质生活层面上，而将价格的敏感度降到最低甚至完全忽略，这也正是正谷家宴农产品获得大规模订单的原因。

可以说，卖家将这些小众奢华团体作为调查对象，通过收集调查到的数据发现其中有一些小众团体的需求数据，并在销售水果策略上进行一次大胆创新，从这个角度出发，我们不得不说，借助小数据分析所获得的用户需求，通过大胆创新营销策略来销售高于普通价格的商品，即使价格高得离谱，但却依然贵得"有谱"。也正是由于小数据在销售市场中的充分应用，才使得商家能够更加准确地抓住小众的"大佬消费情怀"，才使得卖家实现了精准营销。

从"大佬情怀"销售策略来看，我们不难发现，在销售过程中，灵活应用小数据分特点，挖掘"另类消费者"的"另类需求"，并根据其特殊的需求制定出侧重点各不相同的销售策略，只有这样才能保证精细化营销顺利进行。

其次，从小数据入手，了解产品信息。

纵观各电商平台的营销状况，诸多产品能够热销，必然有其独特之处。要想了解其中的秘密，关键还在于从小数据入手，深度剖析该产品的信息，如单位时间内的销量、购买者的年龄段、产品特点、同行业销售额等，来判断产品的差异化，进而进行市场细分。

产品信息给人呈现的是这个产品具有什么样的特征、可以用来做什么、其受欢迎的程度有多高、销量有多少等信息。以一款单反相机为例，构成其产品信息的结构就包括如下几点，如图4-2所示。

（1）**产品属性**：① 外观信息：尺寸大小、颜色、材质等；② 价格信息；③ 功能信息：照片拍摄、照片存储、照片展示、照片删除、美颜功能、场景选择等。

（2）**产品销量**：周销量、月销量、季销量、年销量、同行业内销量百分比。

（3）**用户年龄段购买百分比**：18 ～ 25 岁消费者占 18%，26 ～ 35 岁消费者占 43%，36 ～ 45 岁消费者占 31%，46 ～ 55 岁消费者占 6%，其他年龄段消费者占 2%。

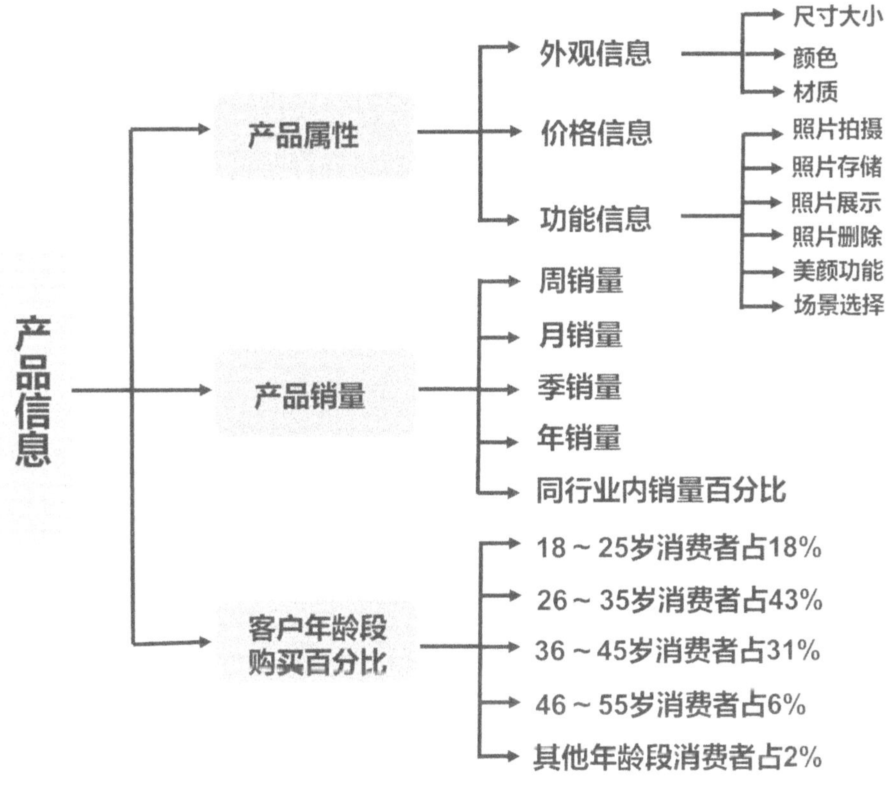

图 4-2　产品信息结构（以单反相机为例）

最后，深入剖析竞争对手数据信息。

大数据时代，企业进行营销，对于竞争者对手的了解也是必需的。基于数据具有预测能力的特点，可以通过对竞争对手的销售方式、盈利模式、产品特点等方面的小数据进行深入分析，得知竞争对手的核心竞争力，从而去其糟粕，取其精华，通过扬长避短的方式制定具有不同侧重点的销售策略。

竞争对手是影响企业发展的重要绊脚石，竞争对手过于强大，或者竞争对手往昔销售非常火爆的产品对企业营销同款或同类产品造成了巨大的阻碍。这时就应当审时度势，对市场竞争对手进行全方位的分析，找到其薄弱环节，另辟蹊径，打造出更加具有创新性的品牌，成为营销的新爆点，最终赢得市场。具体做法如图 4-3 所示。

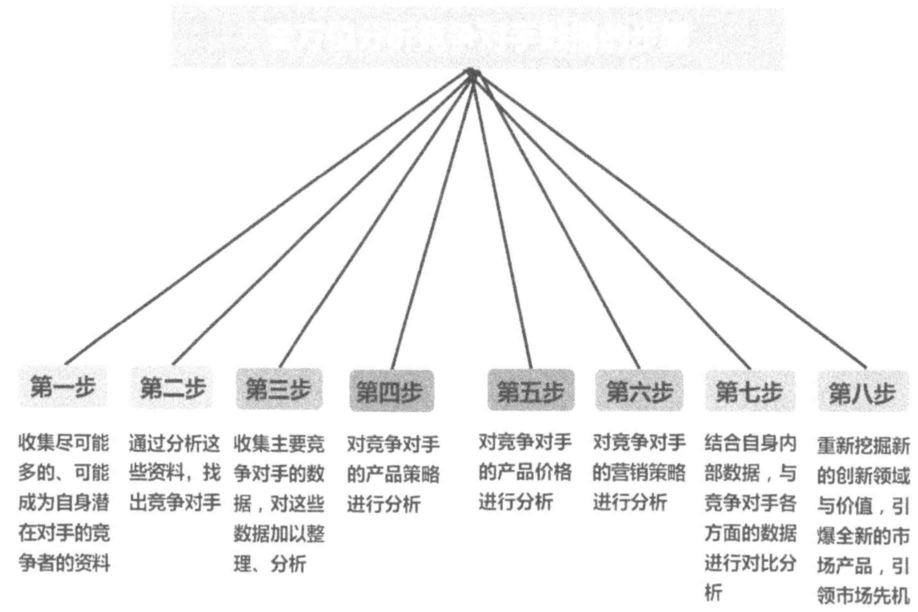

图 4-3　全方位分析竞争对手数据的步骤

第一步，收集尽可能多的、可能成为自身潜在对手的竞争者的资料，包括其上游企业、下游企业、用户等方面的数据资料。

第二步，通过分析这些资料，找出竞争对手，并且详细确定竞争对手的范围、确定主要的竞争对手是谁、明确竞争对手的优势。另外，为了更加直观地看到竞争对手的各个方面，还需要绘制竞争对手图谱。

第三步，收集主要竞争对手的数据，当然这些数据要越详细越好，对这些数据加以整理，并加以分析。

第四步，对竞争对手的产品策略进行分析，包括产品竞争力的分析、产品影响力的分析、实用性的分析。

第五步，对竞争对手的产品价格进行分析，从定价策略、价格稳定性、议价能力等方面进行分析。

第六步，对竞争对手的营销策略进行分析，明确其媒体策略方式、促销方式、资源来源方式等。

第七步，结合自身内部数据，与竞争对手各方面的数据进行对比分析。

第八步，如果从对比结果发现自身产品优势优于竞争对手，那么就可以继续走当前品牌营销的道路；如果在竞争对手面前没有任何优势而言，并且当前产品已经处于饱和状态，那么就应当舍弃当前营销的品牌，重新发掘新的创新领域与价值，引爆全新的市场产品，引领市场先机。

对市场进行精细划分，有助于企业更加集中精力和注意力朝着目标用户群进行精细化营销，这样一方面可以充分满足用户个性化需求，另一方面可以帮助企业快速掌握竞争对手的特点，进而根据销售侧重点的不同，制定出更加有利于企业竞争的销售策略，最终通过精细化营销占领市场。由此可见，根据不同侧重点对市场进行精细划分，是实现精细化营销的基础。

4.1.2　培育品牌适销对路

精细划分市场，是品牌适销对路的前提。适销对路是当下企业营销中常用到的词汇，指的是产品特性能够满足广大目标用户物质和精神的需求，分销通路能够实现高度畅通。这就需要产品从特性出发，寻找市场目标。

精细化营销的目的简单来讲就是能够实现一矢中的，所谓精准，其实其基础在于细分，对用户进行细分，决定了市场细分。在大数据时代，只有在市场调查的基础上，在对消费者心理和行为数据进行调查、分析的前提下，才能对消费者需求进行精细划分，否则谈及市场精细划分无异于"无源之水，无本之木"。只有明了消费者真正的需求，并且根据其需求定位产品，才能真正实现市场的精细划分，达到精细化营销的目的。

以今麦郎方便面为例。随着方便面行业的不断发展，几乎各种类型的方便面都被开发出来了。如形状，最早的方便面呈方形，但是随着企业对消费者体验的重视，考虑到消费者在吃面的时候，所用的泡面容器大多为圆形，方便面的形状也就相应发生了变化，从原来的方形改良为现在的圆形；味道，为了满足消费者不同的味蕾需求，不同风味的方便面问世了，像西红柿牛腩、红烧牛肉、小鸡炖蘑菇、大骨面等；口感，方便面除了果腹的功效外，还能满足休闲一族的需求，因此将方便面分为了干吃面和泡面两大类。然而，今麦郎并不满足于此。当其他方便面企业还在考虑如何创新出更加独特口味的方便面的时候，今麦郎已经跳出了这个老套的思维模式，从消费者胃口大小方面着手，进行跨越式创新，于 2015 年推出了"一桶半"方便面。

事实上，今麦郎的"一桶半"方便面并不是突发奇想而来的，而是经过其对市场消费者进行充分调研而开发出来的新款产品。从通过调研获得的数据可以发现：对于普通的女性消费者而言，根据其饭量，一般 80g 的桶面就可以满足其需求；对于许多青壮年男性、农民工、体力劳动者等来讲，一桶 80g 的泡面根本吃不饱。在充分分析调查所获得的数据之后，今麦郎为了能够满足这部分"吃不饱"的消费者的需求，对消费者市场进行了更加精细的划分，从而设计出一款大面块方便面"一桶半"，从而消除了传统桶面在面量上的弊端。另外，虽然面量增加了，但是其价格走的是亲民路线，与普通 80g 的桶面相比，价格仅提升了 0.5 元，也使得众多消费者非常乐于接受。

"一桶半"方便面推陈出新，说明一个道理：今麦郎的成功关键还是在于通过对消费者调研所获得的需求数据，虽然这些只是通过对部分消费者调查后收集而来的小数据，但却帮了其大忙，为今麦郎进行市场的精细划分奠定了基础。

从今麦郎"一桶半"方便面的案例来剖析，我们不难发现，从局部小数据着手，培育品牌适销对路，可以进一步帮助企业进行市场精细划分，最终实现精细化营销。

一方面，考量需求，创新产品内容，进行市场精细划分。

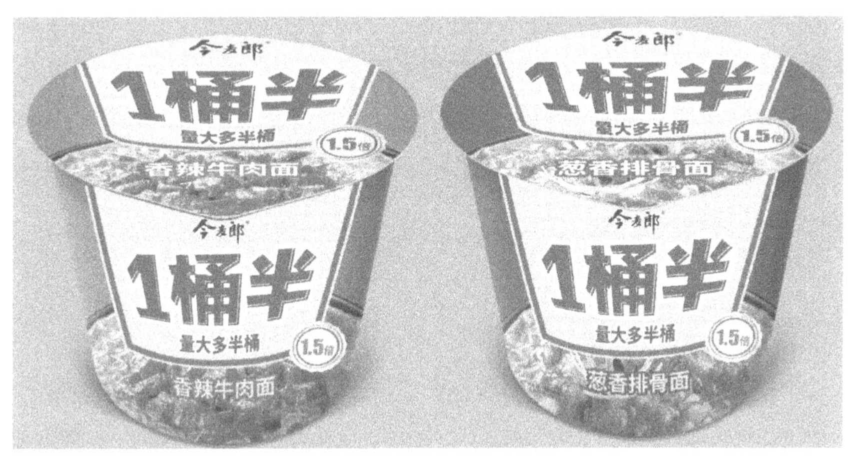

当前，很多企业抱怨市场竞争加强，做营销难度大，这些企业总想囊括所有的大众消费者，最终导致该买的没买，不该买的又很难做市场推广和传播，因此导致资金资源、人力物力以及其他资源形成了极大的浪费。这样的企业往往投入和回报不成正比，通常所获得的市场销售回报少之又少，更有甚者得不偿失。其实，很多时候，问题的根源在于企业缺乏精准的市场调研和对大众消费者市场的精细划分。

在当下的大数据时代，企业在整体提升零售业用户组合宽度的前提下，从细节出发，对消费者需求进行全面、细微的调查，通过分析调查所获的数据信息，发现当前消费者需求与传统需求之间的差异性，有针对性地重点放在产品的规格、形状等方面，因为这些方面也是需要进行市场精细划分的，只有这样才能达到有所侧重的目的，有助于企业精细化营销的实施。今麦郎也正是将侧重点放在了面的份量上，首次在方便面市场中在份量上做出了突破性创新，才引领了全新的方便面发展趋势。

另一方面，有的放矢，创新销售模式，实现市场精细划分。

今麦郎在销售"一桶半"的时候，并没有像传统企业"加量加价"，而是考虑到消费者选择吃方便面，可能是为了方便快捷，或者是出于方便面价格比其他速食产品低的原因，因此更多的是迎合了广大中下层消费者的消费水平。因此，今麦郎"一桶半"走亲民路线，正是符合广大消费者的需求和心理特点。自然，这些消费者的需求和心理特点，也都是可以通过对每个消费者进行市场调查，对所获取的消费者的心理数据信息进行深入分析而得知的。只有真正读懂消费者的心理，才能明白消费者真正想要的是什么，才能有的放矢，创新销售模式，最终推动市场精细划分得以实现。

4.1.3　营销活动对症下药

企业进行有效的营销活动，或者借助口碑营销事件营销，或者借助喜庆营销、节日营销，其目的只有一个，那就是实现产品利润最大化。但是，在开展营销活动之前，关键的一步就是对市场进行细分。可以说，市场精细划分也是企业的营销活动得以有效开展的基础。

通常，企业开展营销活动的市场大致细分为：大型商超、繁华街道、居民社区等。大型商超中开展的营销活动，主要是以节日促销、买赠活动等为主；在繁华街道，主要是以店庆促销、节日折扣的活动为主；在居民社区，主要是以微信营销、微博营销、社会化网络营销等渠道为主展开活动。尤其是居民社区的微信营销、微博营销以及社会化网络营销方式，是当下营销模式的创新，更是实现市场精细划分的绝佳营销方式。

在大数据背景下，谁能够率先挖掘到数据背后隐藏的用户价值，谁能够通过对用户进行调查获得用户的购买喜好、购买动机等一系列数据信息，那么谁就将占领营销市场的最高点，甚至可以掌控整个营销市场。传统营销注重的是产品对于消费者的覆盖程度，采用电视宣传、媒体宣传、广播宣传等方式，让尽可能多的消费者得知产品相关信息，即便是这样，也不可避免产品的广告信息与受众目标需求出现不相匹配的情况，并且造成了广告资源的浪费，导致回报率大打折扣。而如今，随着互联网的不断发展以及大数据的广泛应用，现代企业营销的侧重点已经转变为精准投放，从而有效地减少了成本的浪费，更重要的是使得消费者需求与产品的贴合度有了很大的提高，有效地实现了市场的精细划分，达到了精细化营销的目的。

在大数据时代，微信、微博、社交网络成为了实现市场精细划分的重要平台。微信、微博、社交网络涉及了人们的生活层面，其范围较其他方式更加广泛：一方面，可以通过扫一扫、摇一摇、附近的人、QQ 好友等来添加好友，实现了人与人之间的连带关系，增强了用户之间的黏性；另一方面，在大数据不断发展的前提下，微信、微博、社交网络的用户所产生的大量零碎数据资源信息中，包含了诸多个人生活状态、内心情绪、心理需求等，因此，微信、微博、社交网络成为了获取消费者个人信息的平台，尤其是对于消费者内心需求来讲，是不可或缺的信息平台。

通过对消费者的零碎心理数据加以收集、分析、整理以及整合，再将这些从局部消费者处获得的小数据与通过大数据挖掘技术所获得的大众消费者购买行为等方面的数据相结合，通过建立消费者心理数据模型和行为数据模型，更加透彻地洞察这些消费者的消费需求，之后再根据消费者需求进行市场精细划分，进而根据其痛点对症下药地开展营销活动，即可在市场精细划分的基础上实现精细化营销。

4.2　小数据在精细化营销中的应用

早在 2013 年，有人就将该年称为"大数据元年"。大数据被用来描述大量看似并没有相关性的不同类型数据的集合。大数据其中的一项功能就是辅助决策的制定。随着各个领域中数据量的不断猛增，大数据成为了人们生产、生活中重要的一部分，无论是国家、政府，甚至是众多企业都开始利用大数据来发展自身。

相关统计显示，在 2013 年，众多投资者在大数据初创企业中投入超过了

36 亿美元。如今，大数据市场正从前期的基础投入阶段迈向全面应用阶段。尽管如此，对于大数据的争论还依然没有停止。其中的一个原因就是：尽管前景美好，潜力巨大，但是大体量数据利用及实现商业精细化营销价值的过程中充满了挑战。

例如，在需要非常强大的机器和经验丰富的数据科学家将原始信息以及庞大数据转化为洞察力的时候，在整个过程中如何能将资源正确、合理地进行分配？如果从数据中获得了洞察见解之后，接下来该如何利用这些洞察进行精细化营销，人们对于这一点也充满了困惑。数据应用自动化智能化营销服务商 WebPower 中国区的一项研究的调查数据显示，45% 的企业管理者表示，他们很多时候无法确定数据的内容信息与哪些受众人群是可以正确匹配的。而只有 1/3 的广告公司在超过一半的营销活动中使用了大数据。据此来看，大数据的应用确实充满了挑战。然而，这一切问题，小数据可以将其有效地解决掉。

1 号店能够在淘宝几乎垄断市场的情况下，利用小数据解决了大数据以往解决不了的问题，最终突出重围，重获新生。2014 年的时候，1 号店决定用大数据技术进行全面改革。刚开始的时候就将"以用户为导向"取代了传统的"以自己为中心"的营销原则，通过收集用户购物信息，并以此来分析其购买心理和购买潜力。例如，有一位用户在浏览了某件商品时候却并没有购买，1 号店就利用数据分析技术，得出该用户没有产生交易行为的原因，主要有 3 个：商品价格超出了预期，缺货，该商品并不是自己想要的品牌。针对这样的情况，1 号店会在该产品降价后第一时间将降价信息推送到该用户那里。与此同时，1 号店还会将一些类似产品或者相关产品分享给用户，给用户提供充分的选择空间。1 号店所收集的该用户的浏览数据等信息实际上就属于小数据，也正是借助该用户产生的小数据，1 号店才能够发现该用户没有产生购买行为的原因，才能有针对性地为其提供所需的商品。

1 号店也正是利用这种做法，使得营销过程较之前更加人性化，那些源自用户的数据也都最终服务于用户，因此才有了年逾百亿元的营业额。

4.2.1　小数据让精细化营销更加人性化

前面我们也讲到过，小数据本质上量少，但更加具有相关性的数据点的价值。换句话说，就是小数据虽然量少，但是却依然具有很大的价值，因为数据价值的大小并不是因其量的大小决定的，我们在考虑价值大小的时候，更应当注重其质量，以及这些数据是否能够更好地用于分析。小数据注重的是实用性，关注的侧重点是效率的高低，以及收集到的数据类型和数量是否精准和正确。

对于市场营销人员来讲，小数据意味着特定的、有限的数据集。因此，在大数据应用于品牌营销过程中，小数据的价值也是不可忽略的。品牌营销人员只要能够掌握和处理好一个较小的样本量，只要能够很好地把握一部分用户群的特征，就能够利用这些用户群的细节进行业务推广，通过以小见大的方式，可以帮助企业在品牌营销过程中更加具有个性化和组织性，与此同时，还可以给广大的用户做好进一步的产品推荐。对于这一点而言，企业获取小数据则较大数据更加容易，因为小数据就在我们身边，是可以随时触及和利用的。

小数据还有一个与大数据不同的特征，那就是更具人性化。之所以这么说，是因为小数据能够向我们传达在特定的时间点某一人群具体有什么样的需求，然后利用个性化和小数据思维为其提供具体的产品。

对于这一点，目前自动化智能化营销服务商 WebPower 已经成功利用小数据，实现了以 BI[①]智能化预测模型为基础的精细化营销，其营销定位更加精准，并且实施起来更加简便。更重要的是为消费者提供的产品能够按照其消费需求，使得精细化营销更具人性化特点，因此让消费者获得了更加满意的体验，如图 4-4 所示。

[①]　BI（Business Intelligence）即商务智能，它是一套完整的解决方案，用来对企业中现有的数据进行有效整合，快速准确地提供报表并提出决策依据，帮助企业做出明智的业务经营决策。

在大数据时代，大数据正在推动市场营销不断前行，但是更多时候化"整"为"零"，把大数据分解为多个更加方便管理的小数据，则更能从根本上改变企业粗放型营销的现状，实现精细化营销。也正是这样，才能使得大数据不再像以往一样总是高高在上，很难触及。可以说，小数据为消费者的利益和营销者的利益提供了一道更加便利的桥梁，其重点便是精细化营销，这无论对于企业还是消费者利益而言，都是一种很好的营销方式。

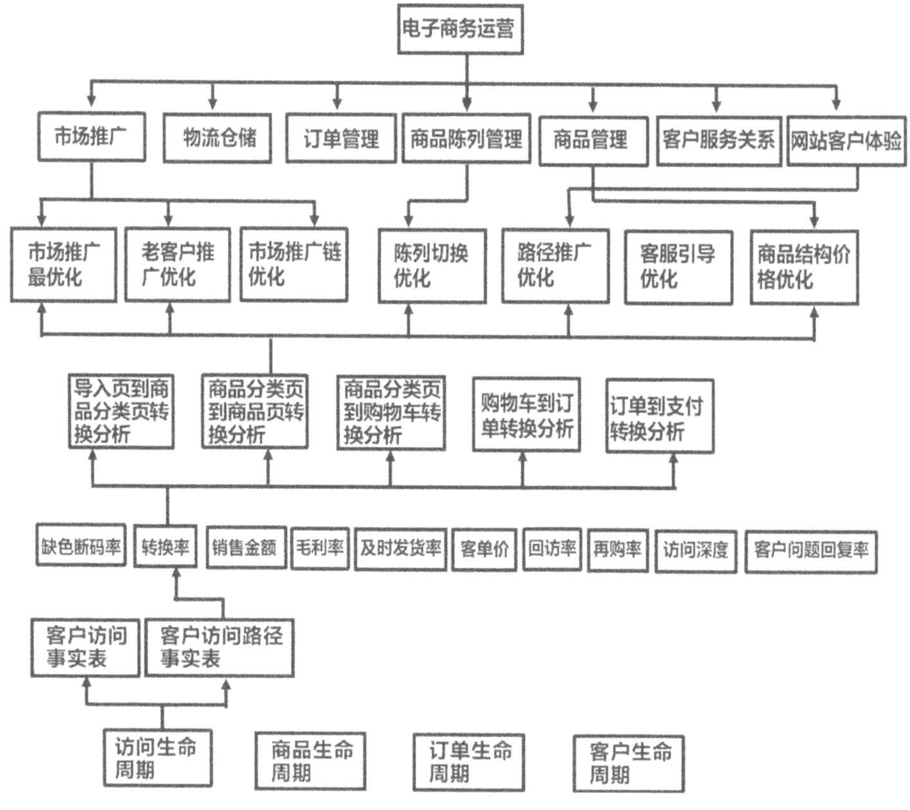

图 4-4　BI 智能化预测模型

4.2.2　小数据基于社交媒体实现精细化营销

对于绝大多数消费者来讲，他们更加希望愉悦地消费和被告知信息，希望能够通过各种渠道和方式获得更多相关的想法和产品，并且与这些想法和产品建立一种密切的联系，从而让自己的生活更加美好，而市场营销者就是这些想法和产品的提供者。小数据就是能够帮助消费者获得想要的想法和产品的最好工具。

小数据的核心就是以人为中心，在营销过程中强调的是消费者的重要性，根据这一点，市场营销者可以通过对消费者进行深入调查来获得与消费者更加贴切的、能够真实反映消费者真实需求的小数据。我根据多年来在这方面的研究发现，分析这些数据，可以有针对性地为消费者制定更加切实可行的销售策略，这样就可以更好地帮助消费者在想要的时间和地点找到他们希望拥有的品牌和产品。

与传统的营销方式相比较，小数据可以通过社交媒体渠道为消费者和企业营销者建立一种人与人之间的沟通关系，并且使企业更好地获得消费者产品需求，帮助企业更好地提供个性化产品和服务，实现精细化营销。

2014 年，国内经济增长速度放缓，服装消费增长水平与上年同期相比处于较低水平，市场品牌服装行业呈现出两大趋势：大众业务的集中化、中高端业务的细分化，品牌集中度的提升已经成为服装市场转型的主旋律。一直经营男装品牌的海澜之家，也为此提出了自己的发展战略，凭借创新的营销模式加强了产业链资源的整合，最终实现了业绩的逆增长。

2015 年，海澜之家借助父亲节来造势，将产品营销做出了新意，即利用社交媒体，在走情感路线的基础上实现了精细化营销。海澜之家经过诸多方面的分析，认为情感是营销的一种最好手段，于是就放弃了以往的电视广告、户外媒体等营销工具，将微博作为其主阵地。微博拥有 2 亿的月活跃用户，能将这一庞大用户量加以合理利用，那么所获得的价值将是无法想象的。因此，海澜之家在父亲节前 3 天，借助微博节日话题"父亲节"，利用有奖参与的方式吸引广大用户参与互动和讨论。至父亲节前一天，阅读量累计 3.3 亿次，并且共计有 63.1 万条讨论。海澜之家通过对这次活动所获得的讨论话题加以

提炼、分类，从用户讨论话题中获得有价值的数据信息，通过对这些数据的分析，可以洞察广大用户的心理需求，之后对这些数据进行用户细分，最后针对用户需求制定精细化营销策略。海澜之家在父亲节当天为广大消费者提供了个性化的产品和服务，让广大消费者给父亲买到了更加满意的服装，获得了更好的体验。

海澜之家借用父亲节进行营销是企业将小数据应用到社交媒体当中实现精细化营销的典型案例，也是一个非常成功的案例。通过获得用户的喜好，如款式、颜色、材质、尺寸、版型等，并与其以往的购买记录、时间、地点以及社交记录等信息相结合，即将小数据与社交媒体大数据有机结合，市场营销者就可以更加精准地为用户提供个性化服装产品。由此可见，大数据时代，小数据在社交媒体中的应用价值也是非常巨大的。

在大数据背景下，小数据基于社交媒体的应用，一方面在消费者和品牌之间构建了一个互利互惠的关系，有利于企业加强营销能力；另一方面也通过为消费者提供更加个性化的产品和服务的精细化营销方式，让消费者在人际沟通中变得更加快乐、愉悦。

4.3　基于小数据，电子商务企业实现精细化营销

当下，尤其是在大数据背景下，产品已经不再是企业获取利润的唯一来源。得益于互联网和其全球化的发展，以及大数据的驱动作用，消费者对于其购买的产品种类、形式等可以有多种选择，这对于消费者而言，无疑是一个好消息，但是对于产品销售电商来说则并非如此。

这种情况下，电商就必须改进传统的营销理念，对市场营销的重心重新加以审视，并进行创新。很多企业分析当前消费者需求特征，认为服务已经成为当下的热销产品，服务代表着销售业的未来。事实证明的确如此：据统计，当前服务业已经占到全球经济体的 75%。一些深具创新能力的电商也深知，即便是销售产品，实际上销售的还是这款产品的功能。但是，知道市场营销重心要转为服务创新，还仅仅是其中的一点，真正的重心转换还包括"以产品为中心，推销产品"向"以用户为中心，满足需求"的转变。然而这些转变离不开小数据，小数据可推动企业营销重心的转换，实现营销的精细化。

随着互联网在各个领域的不断深入，以及大数据技术的不断发展，传统的企业营销重心已经由"以产品为中心，推销产品"转变为"以用户为中心，满足需求"。

在过去，企业做决策都是通过经验来制定的，例如"我认为""我公司认为"等，因此企业做出的产品和服务也都是凭经验拍脑袋想出来的。这样就使得企业无论做出何种主管决策，生产出何种产品，考虑的都是"如何才能将自己的产品推销给消费者"，而对于消费者而言只能默默承受。

自从有了互联网和大数据等技术，这样的情况就发生了根本性变化，企业改变了原有的理念，更加注重站在消费者的立场上考虑产品和服务的研发，例如"消费者需要什么""我们能否满足消费者需求"等。

小米手机与其他品牌手机的最大区别在于，前者是用户在玩手机，后者是用户在用手机。其他手机品牌的用户都在遵循其公司理念，而小米手机的用户却是和小米公司一起创造与发展。如今的年轻人，绝大多数已经不像以前那样崇拜或者追逐自己喜欢的事物，因为他们变得越来越有自主性，有能够改变世界和创造世界的雄心。针对这一点，小米公司正是通过用户的参与，大家一起玩起来，在企业和用户建立良好、融洽的关系链，使用户成为自己真正的朋友，激发用户提供更加具有创新性的建议，从而研发出更加新奇的产品，在市场竞争中快人一步，抢占先机。

事实上，小米公司就是通过想办法、做创意，让用户能够积极主动地参与小米产品的创新发明。通过与用户的交流互动，可以获得用户对于产品的心理需求数据，通过对这些数据进行分析，调整、研发企业的发展方向，做出能够落实到细微处、能够满足用户个性化需求的产品。

小米公司应用互联网调动所有用户的积极性，让其主动参与进来，并且利用数据挖掘和分析技术探索用户的心理需求数据，使"产品研发从用户中来，产品销售到用户中去"，无论哪个环节都是将用户作为核心，其他技术、产品、服务都是为用户服务。作为心理需求数据的小数据则在其中起到了重要作用。正是基于小数据，企业营销重心才在由"产品"向"用户"转变的过程中实现了精细化营销。

4.4　小数据助推"互联网＋微商"的实现

随着互联网的出现和不断发展，近几年，"微商"这个名词不断充斥朋友圈，成为新的热点名词，也成为一个新的商业机遇，并且潜移默化地改变了人们的日常生活和工作，同时也改变着企业传统的经营模式和管理模式。作为大数据时代下的产物，微商经历了 2013 年、2014 年的疯狂微商代理囤货，2015 年的重新洗牌，直至今日，可以说微商的发展已经日渐成熟，成为一种新型的商业模式。

一直以来，社会广大人士对于微商褒贬不一，但是总体而言，微商已经成为移动电商的一个重要分支。而经历了朋友圈微商被屏蔽、各种造假售假工具被曝光、各大分销平台崛起等各种不良现象后，微商产业也开始逐渐回归理性，越来越多的商家开始注重从小处着眼，对圈内的消费人群进行需求信息调查，并通过对获得的小数据进行分析和整理，明白当前圈内的这些消费者真正的需求是什么，包括心理需求和物质需求，从而达成"戒违规、戒伪劣、戒传销、不乱市、不囤货、不暴利、不刷屏、不杀熟"的商业伦理和共识，由此，微商真正进入我们的生活中，开始成为一种新的商业模式。

互联网代下，小数据与大数据相结合成为微商生态系统的一个重要方面。京东、天猫等众多电商平台产生了大量的交易数据，零售企业价格发布服务器和微商的存在都是影响微商产品价格信息的主要方面。另外，再结合微商对自己圈内的消费者需求调查所获得的相关小数据来进一步分析，使得微商对客户的细分较京东、天猫等更加精准，通过将用户进行细分，为用户提供更加适合其需求的产品，有效激活用户，最终形成了"互联网 + 微商"的生态系统。

早在羊年春节期间，苏宁云商推出了微店业务，建立了微店分销渠道，并且内测期间开通的店铺数量已经超过 10 万。直到现在苏宁微店功能仅对易于管控的内部员工开放，因为内部员工需求调查数据量较小，容易从这些小数据中轻而易举地挖掘到他们的真实需求。而且为了完全控制产品的定价和销售，所有苏宁微店内的商品均来自苏宁易购，微店卖家只能从卖家平台搜索苏宁易购主站自营商品，并对其进行上架、下架、分享等操作。

此外，苏宁微店最多可以添加 5 个友情店铺，友情店铺在店铺首页显示。目前，苏宁云商暂未公布如何与微店店主进行利益分配。苏宁集团拥有众多的门店员工，这种微店模式可以充分释放店员的能力，并利用每个店员微信中的社交关系资源，充分增加苏宁微店的产品销量。这种方式还有利于苏宁云商机动灵活地实现线上和线下业务的打通。而卖家平台体系的构建，也让该微店模式避免了乱价假货的困扰。

由以上案例大家可以看出，微商的出现是传统企业进行创新改革的一个重要机遇。只有将线上微商微店和线下实体店想结合，才能实现企业的跨界增值，实现经济利益的最大化。微赞投票、微赞 V 直播、微商微店、现场互动系统等都是传统企业进行微商行业的重要"入口"。只有真正将数据系统为我所用，才能将线下客户、会员数据库引流至线上，达到自黏性平台，实现客户维护、重复购买、产品交互升级选代、信息传播的目的，真正让传统企业在大数据时代下，通过小数据推动"互联网 + 微商"协同发展，实现企业利润最大化。

那么，在大数据时代，小数据是如何助推"互联网 + 微商"的实现的呢？

（1）**实时管理**。在当今社会快节奏的生活方式下，微商之所以受到欢迎，很大一部分原因就是因为圈子较小、易操作，方便获取圈内消费者的数据信息，充分分析其需求所在，便于为其提供更加匹配的产品。另外还可以实现实时管理，节约了时间，也方便进行市场实时价格对比，进行保质期前自动促销，减少损失。实时管理的要素就是商品调价和自动翻页，只有这样，才能更好地进行微商的营销。

（2）**门店链接**。微商进行营销的一个手段就是与门店进行链接，实现进、销、存货盘点，进行实时互动，通过调查圈内消费者所获得的数据来分析当前的大众需求，在保证货源的情况下，做到诚信经营，提升库存的周转率，使得员工工作效率大大提高，减少了人工成本，使得微商真正得到消费者的信任。

（3）**O2O 互动**。在大数据时代下，O2O 成为商业经营的一个主要形态。微商可以实现 O2O 的营销互动，通过物联网终端和用户数据交互，实现个性化精准营销，聚合用户粉丝，真正实现线上、线下销售一体化，形成独特的商业模式，让消费者真正接受微商。

（4）广告营销。微商的发展还处于初步阶段，要想真正让消费者认识微商，广告媒体微屏互动必不可少。通过抓住当前小部分群体的数据信息，一次推断大众需求的总体方向，再借助广告营销的力量，可以更好地帮助微商打入电商市场，这是微商融入电商经营模式的一条重要途径。

基于移动购物的微商是站在下一个风口上的商业模式，在大数据时代，小数据推动了"互联网＋微商"的发展，只有将大数据与小数据相结合，"互联网＋微商"的发展前景才更加广阔。

4.5　用大数据管理理念做中小微企业小数据精细化营销

很多企业都在忙于谈及用大数据来做企业营销，但是对于很多中小微企业来讲，他们一方面并没有积累足够的数据量，达到大数据的量级；另一方面也因其资金后备不足，没有足够强的数据分析能力。因此，这使得中小微企业对于大数据可望而不可及。事实上，中小微企业没有大数据的帮忙，借助小数据之力同样可以达到精细化营销的目的。

一方面，数据在精不在多，数据管理理念很重要。

虽然小数据在量级上不如大数据，但小数据的获得比大数据更加容易些，通过简单的问卷调查等方式就可以获得来自用户、竞争对手的小数据信息。如果能借鉴大数据的管理理念，同样可以从一些相对小的数据中挖掘到具有更高价值的信息，如通过深入分析竞争者，可以明确自身的不足，以及在当前市场中的位置；了解用户或者潜在用户的相关信息，可以洞察消费者的喜好，并且进行趋势预判，针对消费者需求进行产品设计，并且创新营销模式，根据挖掘到的用户信息制定企业营销策略，另外还可以对营销效果进行实时跟踪、评估等。借助大数据管理理念，结合小数据来对中小微企业进行精细化营销，是非常可行的方法。

无论你用还是不用小数据，小数据就在我们身边，并且获取小数据的方式简单、易操作。在某些行业，可能更加适合用大数据进行营销。但是对于中小微企业而言，数据管理理念运用得合理、得当，将会带来更多意想不到的效果。因此，可以说企业进行精细化营销的过程中，数据的使用在精不在多，更重要的是要学会合理利用数据管理理念。

另一方面，重视营销中容易被忽略的数据，分析用户意向。

很多时候，企业从用户行为方面来收集巨量大数据的时候，往往会忽略一些不起眼但是很重要的数据。例如，游客在旅行结束后，往往会在自己的微博、微信朋友圈等社交平台上发帖，发帖的内容除了上传旅游照片外，还会附上此次旅游心得，描绘自己对此次旅游的满意与不满之处，这些话题通常会引发众多博友、微信好友等的讨论，从而发表各自的看法。这些看法中所包含的信息往往是很多企业容易忽视的。因为他们认为旅游活动结束了，与游客之间的整个销售过程也就结束了；殊不知，挖掘游客话题性探讨数据是接下来进行更好、更完善精细化营销的开始。旅游企业可以从游客的这些话题讨论中获得用户旅游意向和需求，进而整合资源，为游客带来更加精细化的服务。魅族手机对于这一点就非常重视，并且利用得非常好。

魅族 MX4 手机正式上线的时候，其各项领域的创新立刻成为了一颗重磅炸弹，引爆了国内市场。这款手机之所以一上市就能引起如此大的轰动，关键在于魅族 MX4 的创新，不但是产品的创新，更重要的是该款手机几乎全部都是围绕用户需求来做的，无异于定制手机。魅族利用自有数据收集系统，从数以万计的用户那里收集到关于 MX3 的相关评论和建议，然后再由数据团队将这些数据加以汇总，得出这样一条结论，即当今的手机用户更加关注的是手机的 4 个方面：一是手机的性能，二是手机的价格，三是手机屏幕像素，四是手机的外观和美感。数据团队将这条整合后的信息送到了产品研发部门，于是研发部门便根据这些信息研制出集"最强大八核处理器""世界上最好的屏幕""让照片纤毫入微"为一体的魅族 MX4。

　　数据技术的应用固然重要，为魅族 MX4 的研发、问世立下了汗马功劳，但是在使用数据技术的时候，企业也不能忽视对于广大用户真实需求的挖掘，这样才能更好地分析用户需求意向，并将这些数据信息反馈给企业，协助企业研发出更加符合用户需求的、精细化的产品。

　　分析用户需求，是企业营销中常常谈到并进行实践的步骤。中小微企业要想借助大数据管理理念，利用好小数据实现精确分析用户需求，达到精细化营销的目的，就要做到以下几点，如图 4-5 所示。

图 4-5　利用小数据实现精细化营销要做到 3 点

　　第一，建立专人、专项数据分析团队。 所谓得数据者得天下，现代企业无论是大中小企业，都应当拥有自己的数据分析团队，只有这样才能保证专人完成专项工作，保证工作效率和工作质量。尤其对于中小微企业来讲，虽然不具备强大的数据分析能力，但是普通数据的分析技能还是必需的，因此，将部分资金重点投入数据分析部门也是非常值得的。

　　魅族有自己优秀的数据分析团队，专门负责数据分析，所有的数据从收集到分析、处理，所有的环节都是由该部门完成的，这样就使得数据效率得到极大的提高，数据的精准性得到了很好的保障。如果将数据收集、分析、整合、

处理环节分派给不同的部门兼职进行，那么势必影响数据分析的进度，造成数据的不完整性，并且还会使最终数据失真。因此，建立专人、专项数据分析团队很有必要。

第二，**要加强与用户之间的联系与互动，从多个方面了解用户的需求内容、种类、功能等，才能在市场中知己知彼、百战不殆。**

魅族就是通过与用户之间的互动，搜集关于 MX3 的相关观点和建议，并针对这些数据对 MX4 进行改进，从而成就了 MX4 的辉煌。虽然这种互动的方式看似与企业营销并没有什么直接的利益关系，而且耗时耗力，但是能从根本上了解到用户的真实需求，这些信息反馈到产品研发部门，将会为产品的研发提供很多有意义、有价值的信息。因此对于企业来讲，通过与用户之间的互动获得的价值是不可估量的。

第三，**把握用户需求的变化。**用户的需求是会随着时间、区域、价值取向等因素的变化而变化的，如智能设备的出现、消费水平的提高等都会导致用户需求的变化。因此，企业也需要建立完备的反馈机制，通过数据的变化来实时掌握用户需求的变化以及走向，这样才能够帮助企业制定出更加精准、精细的营销策略来适应用户需求的变化，只有这样，企业才能主动出击，抢占市场先机。

大数据时代，用户是企业开展一切活动的中心，满足用户需求是现代企业实现盈利的必然途径，获取用户需求数据是现代企业实现盈利的必需方式，大数据管理理念是中小微企业借助小数据实现精细化营销的有效手段。

局部数据与精细化运营初探

当前，国内外市场经济一方面不景气，另一方面竞争异常激烈，在这种市场经济格局下，企业就需要寻求一种能够提升运营效率、提升企业核心竞争力的方法。精细化运营恰好能够解决当下市场经济所面临的问题。当前，企业精细化运营的呼声在业界日渐高涨，并且有诸多有实力的企业已经走到精细化运营阶段，这些企业正是充分利用了数据分析，才使得精细化运营得以成功进行。然而，这些不但有大数据的功劳，也有小数据的功绩。

5.1　大数据时代，局部数据如何驱动企业运营模式的变革

企业是社会经济发展的必然产物。但是随着市场经济发展的突飞猛进，企业在市场中的地位越来越难以稳固。但是，大数据的出现使得企业有了全新的发展思路，使得企业的运营模式由原来的粗放型向精细化变革。

首先，我们来看一下什么是粗放型运营模式和精细化运营模式。

1. 粗放型运营

粗放型运营在经济投入、成本控制、人员管理、质量监管等生产环节中没有一整套有效、合理的运行体制，只是为了完成某个目标，在运行过程中没有科学性。

粗放型运营具体面临以下几个问题，如图 5-1 所示。

■ **效益管理粗放**：对于产品生产、用户需求、运输配送、销售效益等都没法做出合理的评估，对于哪些产品、哪些用户、哪些物流、哪些营销活动能够给企业带来多少收入、利润等问题，都没有清楚的解决方案。

■ **营销投放粗放**：极度缺乏详尽的用户信息，对于哪些用户重复参与了哪

些活动、用户的历史优惠记录等，都难以做出详细的回答。

■ **用户管理粗放**：不明确哪些用户是价值用户，能够给企业带来真正高价值的利润，不清楚企业资源要投向哪些有价值的用户。

图 5-1　粗放型运营面临的问题

这种粗放型运营无异于一个人的身体处在其身体机能混乱状态的时候，何从谈起青春活力？对于一个企业来讲，如果各个部门没有协调运转，自然在市场中的竞争力、抗压力是不够的，面对比自己稍微强大的竞争对手，就必然软肋尽显，毫无招架之力，更不用说利用创新来还手搏击。这样的企业必将被众多的竞争对手所淘汰。

2. 精细化运营

精细化运营，即在运行过程中企业投入产出效益平衡、用户管理、成本控制、生产环节、库存量等方面都能够高效协同、合理配置，企业的运行效率极大提高。

精细化运营是一种全新的、科学的理念和文化，特点如下。

■ **系统管理精细化**：各部门之间分工协作和前后工序关系平衡配合，整个系统运行有序进行。

■ **工作流程精细化**：企业内部运作流程科学规范，投入产出效益极高。

■ **组织结构精细化**：企业组织结构中的智能和岗位明细分工，企业管理体系健全，责权问题明确、到位。

■ **管理制度精细化**：企业管理的编制、实施、目标、控制、监测、检查、指令等都能落实到个人。

由此可见，精细化运营就是实现企业运营的制度化、格式化、标准化、程式化，强调执行能力的强硬度。

这种粗放型运营给企业带来的隐患是显而易见的，而精细化运营给企业带来的价值也是不言而喻的。粗放型运营模式向精细化运营模式的转变是必然的。

在大数据时代，基于用户维度的小数据经营分析体系驱动着粗放型运营模式向精细化运营模式变革。

首先，要实现粗放型运营向精细化运营的转变，收集数据是关键。没有数据的企业就像是无源之水、无本之木。通过收集相关局部数据，并用其建立一种数据模型，使得企业运营按照数据模型进行。

用户维度数据体系通常包括 3 个方面：第一、**用户基础数据信息**，一旦用户在网页开始浏览，那么其网龄、所在区域、浏览品牌等都将通过网络记入系统；第二、**收入数据信息**，即价值用户为企业带来的收入，当用户发生消费时，每一个用户都会为企业带来或多或少的收入，这些收入信息将会自动进入企业系统数据库中；第三、**成本数据信息**，即企业在价值目标用户身上所投的资金。这类数据信息在整理的时候会相对麻烦些，因为对于很多成本来讲，可能只有一个总数，根本没有办法精确到每个用户身上，所以在进行数据整理的时候，需要对不同的用户投入资金进行归集和分摊。

事实上，随着大数据的普及，企业信息系统建设较之前则更加强大，在数据指标上，企业可以从当前主要的效益类数据指标转向行为类数据指标，并且进行进一步深化，并且深入分析这些局部小数据背后的消费习惯。

其次，有效的局部小数据应用是企业实现从粗放型运营向精细化运营转变的关键。粗放型运营的特点就在于以规模制胜。当听到阿里在互联网金融领域投入了几十亿元、百度在糯米网上投入 200 亿元的时候，想必很多人都会感到十分诧异。但是，回过头来细想，这种先圈地进行引流、后谈价值开发的模式，可以说是当前互联网与服务行业进行合作的最典型的商业模式，但在互联网和服务行业相融合的过程中，由粗放型运营到精细化运营就是一个必然趋势。实现这个趋势的关键就是利用有效的局部小数据进行分析。

实际上，很多时候，尤其是在大数据时代，作为企业实现转型增值目标的重要工具，局数小数据在整个企业运营过程中的意义并不在于其规模究竟有多大，而在于这些有意义的数据是否是有效数据，这些数据能否在企业运营过程中进行专业化处理。

换句话来讲，如果把数据比作一种产业，大数据在实现产业盈利的问题上起到了关键性作用，局部小数据在该问题上虽然看似微不足道，但是其带来的价值也是不可忽视的。在大数据时代，局部小数据在实现企业从粗放型运营变革为精细化运营的过程中，其作用是不容小觑的。

5.2　大数据时代，如何利用局部数据驱动精细化运营

"好的产品是靠好的运营方式运营出来的。"从这句话中就能看出产品和运营是分不开的。产品运营就是为了增加客流量，提升用户活跃度，寻找到更加适合企业发展的商业模式，并最终达到增加收入的目的，概括起来就是 3 个方面：拉新、留存、促活。

拉新：为产品带来新用户。通过各种运营手段和途径，包括论坛、微博、微信、社交网络、有针对性的活动策划、广告宣传、媒体宣传等，来拉拢新用户加入。

留存：即挽留老用户。当新用户注册后购买和使用了产品，这时就需要通过各种互动，如一起玩、一起讨论、一起参与、一起创新等运营手段来将他们挽留下来。

促活：即促进用户的活跃度。想方设法让用户自主参加感兴趣的活动，并且乐意消费，还自愿推荐自己的亲人、朋友、同事等一起来参加，通过这种方式来提升用户的活跃度，让用户成为自己忠实的粉丝。

在基于互联网发展的大数据时代，一个成功的企业，要想做到精细化运营，是离不开数据支撑和互联网的协助的。在这个方面，可以说，大数据和互联网的关联度是相当高的。因此，企业在大数据时代的应用场景中，一定要考虑如何有效利用数据优势来进行精细化运营，以实现运营效率的提升。

当我们迈进大数据时代的时候，企业在运营方面也发生了根本性的变化，最初的粗放式运营必然被精细化运营所代替。

1. 企业做精细化运营的目的

传统的运营模式比较单一，不能够根据用户和市场的变化而及时地做出实时性的决策来适应动态变化。这样就使得企业运营的内容和形式很难再吸引新用户，同时也不能激活老用户的活跃度，这样就迫使企业重新寻找一种更加高效的运营方式来抓住用户的心。

对于企业而言，实行精细化运营的好处其实是显而易见的，可以对目标用户群体或者个体进行特征和画像的追踪，更好地根据用户特征为其提供个性化服务。

北京大悦城就是一个典型的利用精细化运营的例子。大悦城为了能够更好地提升企业的运营效率，就通过合理利用大数据改善其运营状况。

首先，大悦城通过对长期以来积累的大量用户行为进行分析，获得有效的用户属性，深入、透彻地洞察到了用户的消费需求，对用户进行精准的画像。

接着，根据分析获得的用户属性进行用户群划分，找到用户价值和购买偏好。然后，进行用户调查，通过各种有关产品喜好方面的问答，就可以更清晰地了解用户的个人喜好，真正明白用户的需求和喜好。

之后，结合用户喜好和需求，将其与不同品牌、不同品类的产品进行差异化匹配，找到相关性。

最后，根据相关性进行客流的引导，向用户推荐其喜欢和感兴趣的产品。

大悦城通过一步步挖掘用户需求、进行需求和产品的匹配、为用户推荐个性化产品和服务，使得企业与用户之间的距离越来越近，也使得用户对于企业所提供的产品和服务更加满意，进而热衷于企业的产品，增加了企业销量，提升了企业利润，这正是因为企业利用了精细化运营的结果。

因此，在大数据时代，企业通过精细化运营，能更好地从管理、营销方面使用户体验达到极致，并且根据差异化服务让运营更加精细化。由此可见，企业运营精细化是适应当前用户和市场动态变化的一种必然趋势。

2. 大数据在精细化运营中的价值

大数据在企业运营过程中所提供的价值是毋庸置疑的，同样，大数据在企业实现精细化运营的过程中也起到了重要作用。

以淘宝为例。用户从淘宝网站首页进入某一款服装的产品详情中浏览，然后将该浏览产品加入购物车，再到购买、支付等环节。对这些环节进行检测，可以检验整个过程中用户是否获得了最佳的体验感。如果消费者在某方面体验感欠缺，那么商家就针对该方面改进和提升运营模式，尽可能地为用户打造更加满意的购物环境和场景。

企业精细化运营离不开大数据的支持，主要表现在以下几个方面，如图 5-2 所示。

（1）**帮助企业获得用户来源渠道**。分析用户来源渠道，有助于企业获得更多的流量来源，并且明了哪些渠道需要加强投放。例如，经过分析，发现用户来源渠道有微信、社交网站、微博等，企业根据用户量来判断哪些渠道是用户来源的最主要渠道，哪些是次要渠道，判断哪些更具吸引用户的潜力和价值，从而更加有效地进行营销投放，达到因地制宜的营销目的。

（2）**帮助企业明了用户所关注的焦点**。分析用户关注的焦点，企业可以更加全面收集用户对产品的点击量、讨论的话题内容、内容的转发次数等相关信息，来判断哪些内容是十分受用户关注的，哪些内容是用户非常感兴趣的，这便于企业更加及时和正确地进行运营方面的调整。

（3）帮助企业分析用户是新用户还是老用户。 分析用户是新用户还是老用户，可以让企业做精细化运营的时候更好地掌握用户的生命周期，明白何时可以对哪些用户进行内容上的营销，并且帮助企业找到能够激活老用户活跃度的方法。

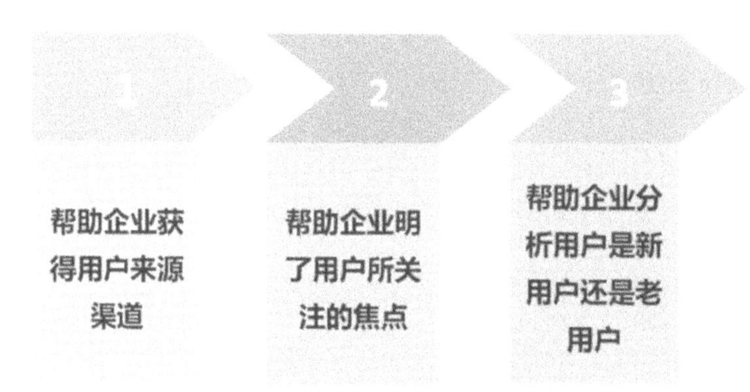

图 5-2　大数据在企业精细化运营中的作用

由此，我们不难发现，基于这 3 个维度的分析，企业可以更好地制定投放策略和方向，这是大数据给企业精细化运营带来的巨大价值。但这仅仅是大数据在精细化运营中价值体现的一个方面。另外，大数据还可以帮助企业使社交平台上的运营更加完善，并且为企业打造良好的口碑。通过收集对不良售后的评价进行舆论监测，并且帮助企业有针对性地完善产品和服务，利用大数据还可以更好地驱动用户体验，促使企业运营目标朝着正确的方向前进，这些也是大数据在企业精细化运营过程中的价值所在。

3. 大数据背景下局部数据驱动精细化运营

前文也提到过，企业做精细化运营的目的就是为了拉新、留存、促活，借助大数据能实现精细化运营，可以达到运营效果的提升。在大数据时代，基于数据的分析能力，局部数据也在某些方面可以方便企业更好地为用户提供一对一的个性化服务，让企业营销更加精准、有效，同时还可以提升用户群的活跃度。那么，在大数据背景下，局部数据是如何驱动精细化运营的呢？方法如图 5-3 所示。

图 5-3　局部数据驱动精细化运营

（1）局部数据对精细化运营监控十分重要

天猫总裁王煜磊曾经说过这样一句有深意的话："电商业务由过去的跑马圈地，发展到精细化运营，代运营服务市场空间才刚刚打开，电商不能再单纯靠流量增长而增长，得让消费者买得满意，要么更多回头，要么一次性买更多。所以只会做销售赚钱的服务商还不够，未来将不只是流量的竞争。"

的确，跑马圈地已经成为过去式，在当下大数据发展得如火如荼的时代，精细化运营已经成为时代的主题，大数据对于精细化运营的推动作用是不言而喻的；但很多时候，局部小数据也可以对大数据进行补充，可以从更加真实、有效的用户心理需求出发帮助大数据建立数据模型，并且解决运营问题。另外，还可以帮助企业更加快速地找到不足之处，并且及时、有效地制定能够解决用户数据的异常情况的方法，对运营起到很好的辅助和监控作用，为企业提供有价值的参考意见等。

品牌的电商服务不但能够帮助品牌商将品牌导入电商渠道，聚集用户、完成销售，还能从中衍生出很多局部小数据，帮助品牌商聚集大数据，从而让品牌能够更加精准地触及消费者需求，这种模式是现在品牌商乐于接受的，也是电商带运营平台的核心竞争力。

随着电商行业的不断扩张，以及由此带来的空前激烈的竞争，成立于2011年的若羽臣，到目前为止，其线上销售渠道已经覆盖了天猫、京东、唯品会、1号店、聚美优品等电商品台。2013 年，若羽臣在业界率先建立了呼叫中心，通过对局部小数据的深入分析和挖掘，为消费者提供更好的服务。此举使得若羽臣在实现了精细化运营的同时，也为消费者提供了更好的购物体验。

（2）便于对目标用户进行细分

以前，企业都是采用一对多的运营模式，这样就使得企业不知道自己的运营模式和运营手段是否能够满足消费者的需求。但是企业随着在市场运营的展开，会获得越来越多的用户数据，能够从部分数据出发更加精准地分析当前用户的具体属性以及真实需求，从而便于为用户需求画像。通过分析用户画像，企业可以更好地细分用户，并为每类用户提供更加符合其需求的个性化产品和服务，实现精细化运营。

总而言之，大数据可以帮助企业实现精细化运营，但是局部小数据可以帮助企业的精细化运营更加精准、有效，从而提升企业的运营效率，提高企业的运营能力，真正实现用户购物体验的提升。

5.3　从局部数据角度来看精细化运营趋势

近几年，我在商界听到最多的就是电子商务要进行精细化运营，包括电子商务营销推广的精细化、供应链的精细化等。那么何为精细化运营呢？

精细化运营与精细化营销是有一定的区别的。精细化营销是针对企业外部进行的与消费者有关的产品销售活动；精细化运营则是针对企业内部的，包括如何实现订单处理、仓储配送系统的优化以及如何提高效率和提高库存利用率等。

运营对于企业来讲是一个非常重要的话题，因为良好的运营体系可以使企业在营销过程中游刃有余地发挥自己的营销能力。随着互联网、市场、媒体渠道、用户需求的变化，企业原有的粗放式运营已经不能再适应当前的变化趋势，不能有效地提升运营效率，获得更大的利润率，因此需要寻求一种全新的运营方式。进入大数据时代，企业狂热追求大数据，大数据在企业中的应用使得企业内部运营也发生了根本性变化，从传统的粗放式运营逐渐转变为精细化运营。

精细化运营的好处在于：通过对目标用户群体或者个体进行特征和画像的追踪，帮助企业更好地分析用户在某个时间段、某个特定区域内的消费特征和习惯，最后让企业提供根据用户特性而打造的专属服务。也正是因为这一点，企业才在数字化时代利用数据分析技术更好地从管理、营销方面提升用户的服务体验，同时根据差异化的服务让运营更加精细化，使得精细化运营得以实现。

大数据时代，企业实现精细化运营要做到产品精细化、成本精细化、库存精细化、生产管理精细化、物流配送精细化、员工管理精细化、供应链精细化，从而利用销售推动运营。将企业运营的方方面面都做到精细化，是大数据时代企业运营的趋势。

5.3.1　产品精细化

我在日常工作中研究发现，我国部分制造业企业缺乏强竞争力，其中最根本的一个原因就是缺乏精细化发展，大宗产品多，但技术含量低，产品的附加价值不高。这样的企业如何能够在世界强林中获得一席之地，如何能拥有广阔的发展前景？着实让人担忧。

全球 500 强企业，像杜邦、巴斯夫、赫斯特、拜尔等公司，之前都是按照传统的方式生产化学工业产品，后来根据经济效益和市场发展的需要，在环境、资源等导向的作用下，进行产品结构调整，并且将产品转型和升级的方向集中在精细化上。自此之后，这些公司将产品的精细化作为其竞争优势，最终取得了傲人的业绩，并在各自优势领域中稳居龙头地位。

因此，我们不难发现，产品精细化对于企业产品转型的重要性是十分巨大的，给企业带来的收益和利润是非常可观的。产品精细化是当前及未来企业运营的一大趋势。那么如何在大数据时代实现产品精细化呢？方法如图5-4所示。

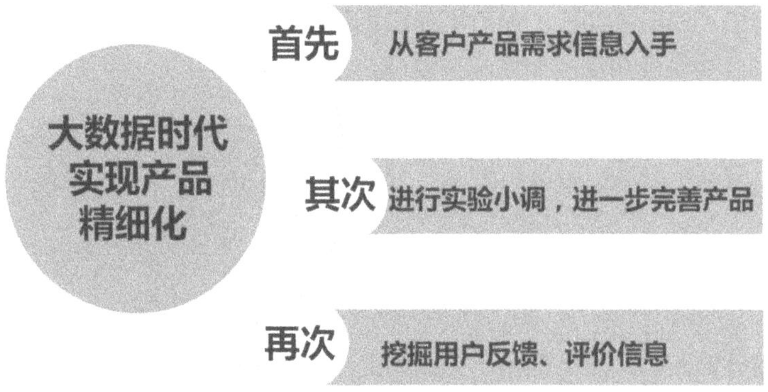

图5-4　大数据时代实现产品精细化的方法

首先，从用户产品需求信息入手，是做好产品精细化的第一步。随着信息技术的发展，用户对于产品的需求则更加趋向个性化，从而彰显自己与众不同的本色。对于产品来讲，个性化产品成为当前用户的最爱。企业要想满足用户的个性化需求，就必须从用户产品需求入手，获取产品数据信息，包括外观（款型、大小、颜色、材质等）、功用（功能、性能等）、价值（使用价值、附加价值等），从这些细致入微的信息中挖掘与产品有关的更加精准的信息，从而为产品的精细化打好了基础。

其次，进行实验调整，进一步完善产品。当个性化产品完全按照用户需求定制完成后，接下来就是抽取部分样品数据与消费者所提供的各组数据信息相匹配，检查其合格率，并对产品进行试验调试，如果发现某些方面没有达标（达到用户需求标准），那么就对该产品进行进一步完善。

　　最后，挖掘用户反馈、评价信息。不同的用户声音、反馈内容有所差异，获得的信息则更加全面，价值则更高。用户的反馈信息和评价信息对于企业来讲，是非常有助于企业提升和改善产品的准绳。通过挖掘用户反馈和评价信息，可以更加客观地发现产品的不足，并进行更加细致的完善，使产品达到精细化水平，从而提升用户的体验感。

　　腾讯手机管家先锋版研发前，为了能够更加全方位地深入了解用户的心声，项目组收集并分析了各大电子市场、微博、论坛以及 QQ 用户群等几乎所有渠道的用户反馈信息。在研发期间，为了更快地获得用户对全新版本的反馈，腾讯的铁杆粉丝和公司内部用户多次发布灰度体验，其节奏颇有战场作战的感觉，每天都会发布体验，第二天再收集和跟进这些体验，第三天根据反馈信息修复版本，并且发布修复后的版本。这样的车轮战使得产品更加精细化，改善了用户体验，让腾讯手机管家先锋版更加接地气。

　　产品是连接企业和消费者之间的桥梁，产品实现精细化，能够将企业和消费者的心拉得更近，让消费者对企业的信任感不断加强，进而提高了消费者的重复购买率，有效地提升了企业的销售业绩。

5.3.2　成本精细化

　　降低成本就是变相地提升企业利润。虽然这句话已经是老生常谈了，但是面对当前全球经济增长态势，企业要想发展壮大自己，并且能够经得住一次次严峻的考验，就得有效地控制成本上升、大幅降本增效；只有这样，企业才能更加灵活、有效地应对当前激烈的市场竞争，迎接当前巨大的行业挑战。

　　企业内部成本精细化程度在一定程度上影响了企业的盈利。因此，在奉行传统成本理念的基础上，寻求一种全新的产品理念是非常有必要的。成本精细化理念的推行，是当前企业洞察市场变化、制定应对策略、扩大营业额、减少浪费的必然趋势。

在大数据时代，实现成本精细化，具体操作步骤如图 5-5 所示。

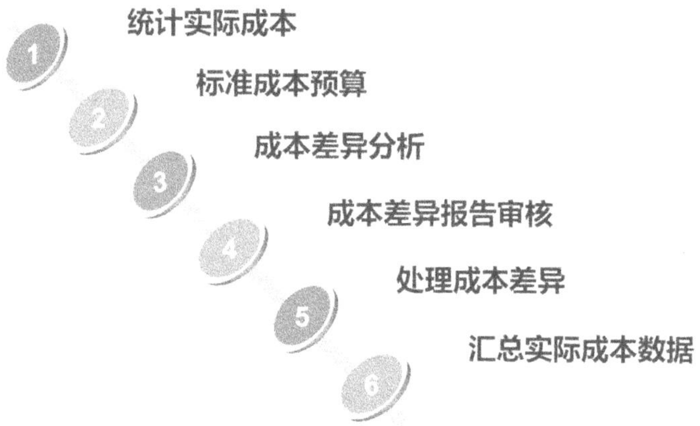

图 5-5　大数据时代，实现成本精细化的步骤

第一步，统计实际成本。企业从生产产品到入库，再到最后的销售，整个产品的全生命周期产生了各种各样的成本，如人力成本、原材料成本、运输成本、销售成本等，要全方位收集这些成本数据。

第二步，标准成本预算。将以上各种成本作为标准成本，并对搜集来的这些标准成本数据进行计算和分析。

第三步，成本差异分析。对可能产生的成本差异数据进行调查、分析，并将可能产生的各类成本差异数据编制成成本控制报告。

第四步，成本差异报告审核。将成本差异控制报告交于生产经理，由生产经理对成本差异分析报告进行审核，并提出修改和完善意见，之后交由生产总监对成本差异分析报告进行审批。

第五步，处理成本差异。成本分析专员和生产管理人员根据成本数据分析报告对实际生产活动中产生的各类成本差异进行处理，确保将成本控制在合理的范围之内。

第六步，汇总实际成本数据。成本分析专员汇总各类产品的实际成本数据，同标准成本进行比较，根据对比结果提出下一步的产品成本改进建议。

通过以上步骤，在大数据的基础上，借助小数据灵活、精准的优势来调查、收集、分析成本数据，通过差异化对比，发现成本问题，并提出完善策略，这样一步步使得成本得到有效的管控，实现了成本的精细化。成本精细化是每个企业进行营销的必需保障，因此企业要学会利用大数据与小数据的有机结合来实现成本精细化。

5.3.3　库存精细化

库存精细化实际上就是指库存物资精细化。库存物资精细化的目的就是为了最大限度地减少占用资源，降低管理和运营成本。更重要的一点就是通过库存风险管控，达到库存精细化的目的。

大数据时代，建立以大数据为基础、以数据量化为抓手的风险指标体系，是企业化解库存风险，实现库存精细化的保障。企业需要从造成库存风险类型、选项、量化的标的自上而下地设计每一层的逻辑关系，保证每个风险项目都能够被评估和量化。通过风险管控，可以明确引起库存风险波动的数据指标，以及造成库存浪费、影响企业利润的潜在风险，有助于企业找出应对库存风险的策略，形成预案，这就是利用风险指标体系的出发点。

企业实现库存精细化，前提是需要大数据做支撑，小数据做辅助，因此，一整套完整的数据采集方案是不可或缺的。

第一步，库存数据采集。通过对企业内部所有生产链中的各个节点，包括采购、生产、销售、物流、物资入库、物资出库、存货等所有与库存有关的数据进行收集，从而保证所采集的数据更加清晰、全面。这里要说明的是，在数据采集过程中，数据的规模、效率、广度、质量、完整性等都很大程度上决定了后续方案能否顺利进行，以及获得效果是否能够达到最佳状态。

第二步，库存数据建模。建模分为两类：一类是建立风险保值的需求模型，另一类是结果的跟踪模型。这两类模型分别对应的指标提示为预置指标和后验指标。通过投入预置的指标来设计各类商品的保值需求模型，通过利用后验的指标对保值结果进行跟踪、监控，并将跟踪和监控结果反馈到预置指标的保值模型中，进而对模型进行不断完善和提升，最终形成一个正向的动态循环。

企业要对物资库存风险的影响建模，首先通过对企业经营数据的采集，包括在途存货、生产车间存货、在港库存、安全库存、订单库存等进行跟踪和监控，给库存进行画像，形成一个模型指标，通过将实际库存量数据与库存风险保值数据相对比，从而对库存量是否过量进行风险预测。如果发现库存风险，通过风险预警机制，重新制定库存精细化策略。

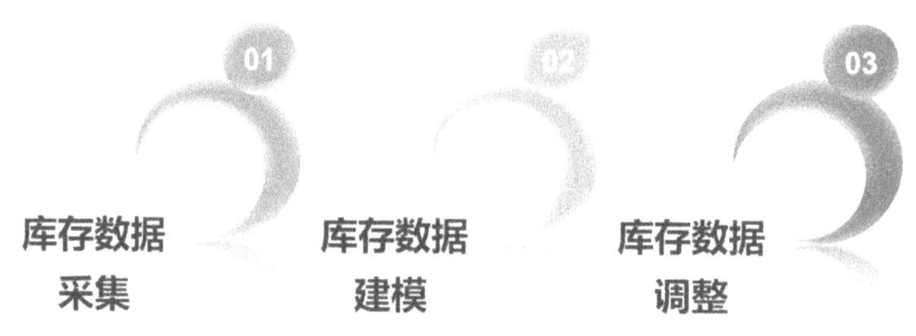

图 5-6　实现库存精细化的步骤

第三步，库存数据调整。根据库存数据模型，结合企业自身的实际库存情况，从审计角度、战略角度、预算角度，对库存进行调整，从而确保库存合理利用，避免量产与库存的不协调，以落实库存精细化。

通过以上步骤，结合数据分析，可以帮助企业更好地根据库存容量，进行订购、滚动配置，并及时判断库存是否出现断货、挤压现象等，提升了库存监测信息交互的及时性，有效地实现了库存的精细化。

5.3.4　生产管理精细化

生产管理的精细化同样也是出自日本丰田汽车公司的生产方式。"精"代表精良、精确；"细"代表细微、细致。生产管理精细化是企业在生产流程中，为了达到消除浪费、提高增值、持续改进、提高用户满意度的目的而制定的一整套完善的理论和方法。基本理念就是通过数据分析的方式，找到和消除生产过程中造成的各种各样的浪费，从而达到降低成本、实现利润最大化的目的。

简单来讲，生产管理就是通过不断地重复同一个过程，利用精细的思维而逐渐达到进步的目的。举一个简单的例子。一个生产车间，第一天产品从投入到产出的时间是 1 小时，而第二天经过进行一些有价值的工作，减少或消除检验时间、搬运时间、停止时间，使从投入到产出总共花了 59 分钟。提前的这 1 分钟就是实现生产管理精细化的结果。

企业在传统生产管理模式下过程中经常会遇到以下情况。

物料方面，传统的生产所需物料往往与需求脱节，从而导致以下情况：生产没有任何计划性，不是造成物料过剩而导致浪费，就是缺乏物料导致停工待料；销售预测和产能不匹配，不是造成产品过剩，就是导致供不应求；计划生产及物料记录协调性差，导致生产紊乱，经常出现返工现象，有损企业形象。

计划方面，往往不能做到"5W+2H"，即 What（什么东西）、Where（什么地点）、When（什么时间）、Who（是谁）、How（怎么做）、How much（做多少或花多少），因此使整个计划欠缺完整性和规范性。

交期方面，往往会因为某个环节出现问题，而影响整体生产进度，最后导致无法按期交货。

以上几点问题往往会使企业因小失大，细节性问题不但造成了各种人力、财力、物力的浪费，还导致在用户面前失去诚信，很大程度上影响了企业形象，减少了用户数量，直接影响到企业的盈利。

大数据时代，借助数据技术，这些问题都将迎刃而解。

首先，大数据时代，个性化定制成为引领企业产品生产的新潮流。 因此，统计用户个性化产品需求的过程，首先就是进行产品物料需求的统计，物料是整个定制产品的基础。围绕用户对产品物料的材质、色泽、质地等方面进行数据统计，从而获得物料数量信息，使物料数量与定制产品数量相匹配，通过合理利用物料方面的小数据，达到合理利用原材料、降低成本的目的。

其次，企业在获得有关物料特征、数量等方面的小数据之后，就可以结合用户定制数量和需求，制定详细、规范、精准的生产计划，进行"量体裁衣"，让用户满意度达到最大化。

最后，基于详细、规范、精准的生产计划，企业就可以更加高效地进行生产活动，很大程度上提升了劳动效率，可以更好地计算出交货期，并在预定的时间交货，甚至可以提前交货。

总之，在大数据时代，合理利用小数据优势，可以帮助企业减少能耗、快速提升生产效率，从而真正实现生产管理的精细化。

5.3.5　物流配送精细化

2015 年"双 11"在电商史上又创下了新的奇迹。在短短的一天时间内，天猫商城就独自完成了史无前例的 912 亿元的交易额。电商行业发展势头日渐凶猛，直接带动了下游相关行业——物流行业的高速发展。

像"双 11"这样的重大促销日，物流能否做到先进、高效的运作，无论是消费者还是商家都是极为关注的。因此，如果想将这"最后一公里"做到位，达到高效配送的目的，首先就要实现物流配送的精细化。

以往的物流或快递公司收到快件后运输快件时没有时间约束，往往消费者收到快件时都是自下单一周以后的事情了，因此很大程度上影响消费者的体验感受。

如今，信息化技术不断发展，物流信息化成为当前物流的新潮。尤其是互联网、大数据不断普及和应用于物流配送领域，为物流从业者、物流企业以及广大用户带来了极大的便利与快捷，打破了传统的粗放型模式，使得配送效率有了极大的提高，通常同城 1 ～ 2 天，邻城 2 ～ 3 天，较远地区 3 ～ 4 天，偏远地区 4 ～ 5 天即可收到货物。

在大数据时代，互联网技术、数据分析以及处理技术的广泛使用，促使了商业环节一体化的物流体系的建立。

目前，诸多大型物流企业打造了更加精细化的信息管理服务，包括快递快运、电子商务、汽车物流等，通过更加专业个性化的物流数据平台，实现了运输及配送的可视化数据管理，实现了车辆实时跟踪、KIP 数据统计、油耗管理、班线管理、智能配送等，从而有效提高物流效率，使得用户体验实现最优化，并且节约了运输成本，提升了企业的市场竞争力。

成立于 2005 年的汇通天下致力于发展物流运输行业，专注于为公路运输和配送提供信息服务，一直在物流信息领域不断探索，结合我国当前的物流现状，在数据技术团队和信息专家的共同努力下，打造了全新的、先进的物流信息服务平台和 GREAT 系统。该系统是集成互联网及全球定位技术所打造的集运输管理、配送管理于一体的可视化平台服务，实现了人、车、货和物流各个环节的集约式管理模式，最大限度地帮助企业降低了物流成本，提高效率。

GREAT 系统所代表的含义如下：

G：用地图（GIS）技术实现路径的数据化以及可视化；

R：用移动互联网实现实时（Real Time）反馈；

E：利用互联网帮助用户获得最佳的服务体验（Experiences）；

A：利用物联网设备实现考核的自动化（Auto）；

T：用数据实现基层运作的透明化（Transparent）管理。

■ **车辆实时跟踪**：管理人员通过互联网将运输车辆与计算机、手机或者其他移动设备相连接，并给运输车辆安装监控软件，就可以选择相应的车辆进行单独跟踪或者对多辆运输车辆进行实时跟踪，获得跟踪数据，包括车辆位置变化数据、车辆监控视频数据、超速数据等，通过这些数据分析车辆的行驶速度、

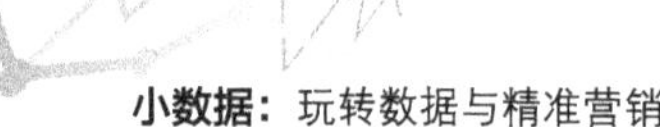

行车方向以及其具体位置等信息，实现运输车辆全程可视化管理。

■ **油耗管理**：通过对油耗数据的统计，可以实时查询车辆的油量变化情况、车辆加油数据、燃油不正常变化、漏油情况等。

■ **班线管理**：全面收集班线车辆的班次、发车时间、线路、起始地点等数据，可以进行偏离路线行驶预警，并按照原先预定的行驶路线修改车辆行驶路线等。

■ **智能配送**：将配送调度中心系统与运输车辆数据进行智能对接，实现物流的智能配送。比如当前，物流业的黑马顺丰就已经实现了无人机配送，根据导航系统提前设置好的配送路线，无人机可以按照预设好的路线将货物送到指定的地点。

众所周知，京东的物流配送可谓是物流里的楷模，同城 11:00 前提交现货订单，当天就能送达；23:00 前提交现货订单，第二天 14:00 前送达。这个物流速度当前在电子商务企业中还没有第二家能承诺并且做到。京东专注于"最后一公里"的服务，提升了自身的配送速度以及售后服务，提高了用户的满意度，受到广大用户的好评。京东能有如此好的配送服务，实际上离不开其物流配送精细化理念。2013 年，京东引进了名为"青龙"的物流配送体系，完成了物流配送的大升级，构建高效的信息数据管理系统，提升了处理海量数据信息的能力，有效地提升了配送效率。另外，通过该系统还实现了上门取件、上门换件等全新的逆向功能，不仅为消费者提供了上门退换货服务，还为第三方商家提供 5 小时上门取件、货到付款等服务。京东正是由于拥有先进的物流配送体系，才实现了物流配送精细化，成功荣登当前电子商务巨头的宝座。

由此可见，大数据时代，信息化数据分析技术得天独厚地应用于物流配送中，用数据取代传统的经验，用数据说话，则使整个物流配送更加透明化，并且可以提升配送服务，提升用户体验的满意度。同时，利用数据的可视化特征，更加全面、细微地分析局部数据中包含的信息，并与物流配送相结合，使得物流配送实现了精细化，使得产品物流和商业物流实现了有序接轨和无缝连接，在减少了物流成本的同时，也使得电商企业的新品在上市过程中以高速、高效地送达用户手中。

5.3.6　员工管理精细化

随着市场竞争愈演愈烈，精细化运营已经成为企业发展的必经之路，成为当前市场经济条件下企业间互相竞争的一种重要表现形式，也是决定企业在未来竞争中能否取得成功的关键。因此，精细化运营是企业未来发展的趋势。当前形式同样也对企业的员工管理提出了精细化要求。

数据微观察

精细化运营要产生大量的信息流、数据流，针对这些数据的收集、整理、筛选、存储、检索、加工、分析、处理等，目前市场上已经推出了针对大型企业和小企业的数据库管理系统，各类企业都可以找到更加适合自己规模的数据库软件包。

企业经营，人是核心，是进行一切活动的最主要因素。在日常企业运作中，80% 的日常活动都是借助员工来完成的。在精细化运营过程中，企业员工管理实现精细化，有助于企业员工的自我管控能力和自我创造能力的提高。同时，企业员工管理实现精细化，也可以提高员工的工作态度，改进员工的工作方式，提高员工的职业素质，提升员工的职业道德等。

那么，在大数据时代，如何借助小数据优势实现员工管理的精细化呢？

要想真正地实现员工管理的精细化，培养出各方面都能够达标的优秀员工，必须通过考核、奖励、处罚的方式实现管理流程的职业化、标准化和精细化。

绩效考核指标是诸多企业在营销过程中所使用的考核方式，绩效考核指标有很多种考核方法，通常分为 BSC、KPI、MBO 等。KPI 是企业常用的绩效考核指标。在考核过程中的具体步骤如图 5-7 所示。

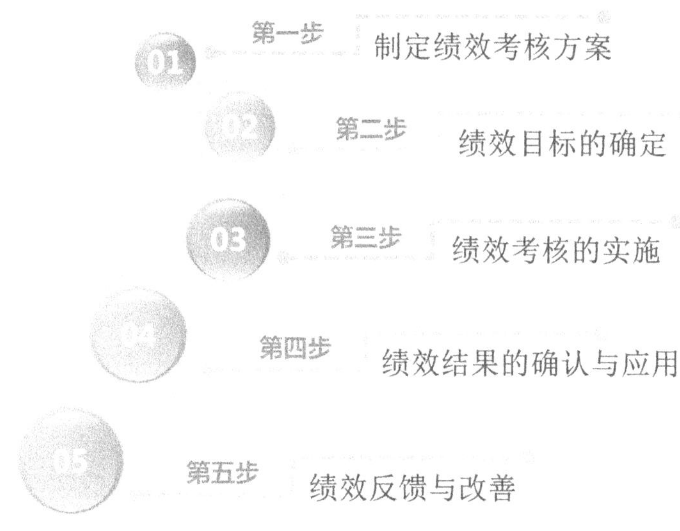

图 5-7　绩效考核步骤

第一步，制定绩效考核方案

（1）指标可量化考核：明确指标计算公式、数据提供部门和考核方法；

（2）一些重要的、精确的指标，如 PMC[①]数据、仓库数据和车间数据等，要能够体现部门的核心职能；

（3）目标值要与实际情况一致，不能太高也不能太低；

（4）指标和目标值要经过有关考核及领导讨论并一致通过。

第二步，绩效目标的确定

（1）建立一支业务精干的高素质、高度凝聚力、高境界的团队，并建立以考核为核心导向的人才管理机制；

（2）及时、公正地对员工进行工作绩效评估，肯定其成绩，发现其不足，为下一个阶段工作的绩效改进做好准备；

（3）为企业员工做职业发展规划、薪酬待遇等提供人事信息与决策依据；

（4）将人事考核转化为一种管理过程，与员工形成一种双向沟通平台，提

[①] PMC 即 Production Material Control 的缩写，是指对生产的计划与生产进度和物料的计划、跟踪、收发、存储、使用等各方面的监督与管理，以及废料的预防处理工作。

高管理效率。

第三步，绩效考核的实施

由 KPI 数据统计人员通过对仓库、车间等实时跟踪数据进行分析，及时客观地获得全面、准确的绩效数据，从而对企业员工进行绩效考核。

第四步，绩效结果的确认与应用

这样便于企业公平、公正地给员工进行奖励和惩罚、职务晋降、调配与下岗等，更有助于提高员工的工作积极性和工作效率。

第五步，绩效反馈与改善

绩效必须及时反馈，通过协调会、例会、报表发送等方式，以周或天为单位进行反馈。

企业进行 KPI 绩效考核时，会涉及企业的方方面面，包括绩效管理计划、辅导、评估、反馈、激励等各环节的管理工作。因此，需要从不同的部门收集企业员工的绩效数据，根据这些数据对员工进行职能考核。因此，业绩考核需要以客观数据为依据，这样才会不失公平，人人平等，更有助于企业员工管理精细化的实现。

5.3.7　供应链精细化

随着中国经济新常态的发展，行业的转型以及价值链的重构已经成为当前的两大重要性变革。供应链作为企业的核心，对于企业市场边界、业务组合、商业模式、运作模式等方面都将产生重大影响。尤其是大数据时代，高效地发挥数据价值，将对企业的供应链走上精细化道路大有裨益。

供应链实现精细化首先必须重视数据的分析和预测，这是实现供应链精细化的关键要素。也正是数据分析和预测，帮助企业迅速发现问题并制定有效的问题解决方案，从而节省了时间与金钱，推动了供应链精细化的快速实现。

如今，进入大数据时代，数据分析和预测已经在商业运营过程中被普遍使用，并且为企业和消费者创造了很大的价值。特别是在商业智能、公共服务、市场运营过程中，数据分析和预测起到了举足轻重的作用。目前，越来越多的企业供应链负责人，已经将目光投向数据分析和预测技术解决方案中。

国外一家知名的咨询公司 EFT 做的一项调查显示：84% 的大型企业供应链负责人已经开始着手于利用数据分析和预测来解决供应链问题，极大地提升了供应链运营的有效性，同时降低了运营成本，推动原来的以历史数据为依据的供应链决策向实时、及时智能化决策转变。调查还显示，目前有 2/3 的供应链负责人正在利用大数据实施各种项目。

让我们看一下，在大数据时代，供应链精细化是如何实现的？其方式如图 5-8 所示。

图 5-8　大数据时代，供应链精细化实现的步骤

（1）**需求预测**。需求预测数据是否精确，决定了整个供应链的运行，直接关系到库存策略、生产安排、产品订单交付率等，需求预测不能做到精准，就必然会造成产品缺货、过剩，导致产品脱销或产能浪费，从而给企业带来巨大的损失。因此，企业要针对有效的定性和定量的预测分析手段和模型，并根据产品的历史需求数据以及安全库存水平，再结合用户行为分析数据，综合判断并制定精确的需求预测计划。

用户行为分析数据对于供应链来讲至关重要。通过对用户的浏览时段、周期等数据的分析，可以判断用户对产品的兴趣点；通过对电商平台用户流量、走势等数据的分析，可以从多维度判断平台的关键功能，并帮助企业有效地进行优化；通过收集热搜词、关键词、交易排行榜等数据，可以为用户画像。通过对用户对产品的热衷度进行调查，可以洞察消费者发自内心的产品需求和偏好。结合用户的兴趣点、用户画像、用户偏好等数据，可以判断用户的商品需求，使需求预测更加精准。

（2）**资源获取**。资源获取是否能够做到敏捷和透明，关系到供应链后续的进行是否顺畅。要为新产品、优化成本而寻找新的合格供应商来满足生产环节的需求。同时，通过分析和利用供应商绩效评估数据和合同管理，使整个采购过程达到规范化、标准化、可视化和成本最优化的目的。

（3）**生产规划**。对供应链进行资源整合，有助于企业为物料、订单的同步生产计划做更加合理的决策，并且有利于企业通过数据来规划生产架构和流程。基于大数据的虚拟化特征，可以帮助企业很好地把控经营风险，能够在未进行生产之前就对相关生产做好详尽的规划，使得生产更加有序、高效地进行。

（4）**运营实施**。运营的目的是为了通过扩大用户群，增加销量，最终实现盈利最大化的目的。基于大数据对用户进行细分，可以从不同的细分维度进行用户区分，并且洞察每个细分人群的兴趣爱好以及消费取向，之后有针对性地做出运营策划、进行运营活动，与此同时，还可以对运营推广的有效性进行评估。

（5）**库存优化**。拥有一整台成熟的补货和库存协调机制可以消除过量的库存隐患，降低库存成本。通过综合分析需求变动、安全库存、最大库存、采购订购批量、采购变动等方面的数据，可以合理优化库存结构，提高库存利用率。

（6）**网络设计与优化**。通过对企业供应链的成本、产能和变化等方面的数据进行分析，可以使得企业的投资和扩建变得更加直观、合理。企业需要构建更加合理、贴近实际的情景分析和动态成本优化模型，从而帮助企业更好地完成配送整合和制定生产线合理利用的决策。

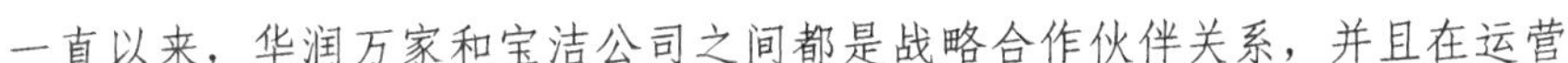

一直以来，华润万家和宝洁公司之间都是战略合作伙伴关系，并且在运营

过程中双方都遇到了同样的挑战：即如何能够在不断满足消费者需求的同时还能够降低运营成本，最终使门店运营效率达到最大化。然而，供应链的高效协同作为双方生意合作往来、实现共同目标的重要基石，也是双方的重点合作方向。在共同的合作框架下，过去的几年里，华润万家和宝洁公司在供应链领域取得了诸多令人瞩目的成绩：提出精益供应链愿景、JBP（联合生意发展计划）的落地、EDJ/GDSN（电子数据交换／全球商品数据同步网络）等项目的成功实施，这些成绩无一不充分体现了双方深入挖掘供应链潜力，通过团队的共同努力，在数据分析和预测技术的基础上实现了供应链的精细化，从根本上提升了供应链的整体能效性。也正是基于供应链的精细化，双方团队建立了具有创新性的"以店为先"的全新运营模式，在大数据基础上，利用实时数据分析和预测技术来提升和优化门店的每一个运营环节；并且通过实时数据分析，将门店内的业务流程和决策过程中的每个潜藏价值都挖掘出来，有效地提升了门店的单产，实现了低成本、高效率的精细化运营模式。

（7）**风险预警**。数据分析和预测也被企业用于供应链中。例如，在问题还未出现之前，就利用数据分析来进行风险预测，并及时制定风险管控措施，以避免因措手不及而造成的运营混乱。

（8）**提高体验满意度**。基于大数据，企业可以根据更多用户体验监测模式，为不同的用户提供有针对性的个性化服务体验，让用户体验达到极致，让用户满意度达到最大化。

总之，大数据时代，数据分析和预测将在整个供应链中起到核心作用，从产品设计、到采购、制造、订单、物流以及售后等各个环节，都通过使用数据分析对供应链进行精细化掌控，使得库存量、订单完成率、物料以及产品的配送情况等都更加可视化、清晰化和明了化。另外，还可以通过数据分析来调节产品供需，使得整个供应链处于有序、高效的运作状态，实现了供应链的精细化，增强了企业的核心竞争力。由此可见，供应链精细化也是企业进行精细化运营的趋势。

大数据时代，基于小数据思维的品牌营销策略

很多人都在谈论大数据，好像不谈论大数据就跟不上时代的步伐。对于企业而言更是如此。实际上，大数据对于企业来讲，是影响营销的一门科学，是自然演化的结果。迈尔·舍恩伯格所著的《大数据时代》一书中提到："大数据思维的变革具有更加深远和巨大的意义。"诚然，大数据思维在企业运营过程中产生的驱动力是实现品牌营销的基础。企业在利用大数据思维制定品牌营销策略、实现精细化营销之际，小数据思维在整个过程中也起到了举足轻重的作用。

6.1　什么是小数据思维

企业在进行营销的过程中，必然或多或少地会利用到数据思维。那么什么是数据思维呢？所谓数据思维就是以创造数据价值为目的的创新思维。谈及小数据思维，我们不得不先从大数据思维说起。

近几年，大数据技术蓬勃发展，给人们的生活、工作和思维方式带来了深刻变革。大数据研究专家舍恩伯格也曾指出，大数据时代，人们的思维方式发生了极大的转变，具体表现在 3 个方面：第一，人们处理的数据从样本数据转变为全数据；第二，全样本的出现使得人们不得不放弃原有的精确性，而转向接受数据的混杂性；第三，人类通过对大数据的处理，放弃了对因果关系的渴求，而转向于对相关关系的关注。

从舍恩伯格对大数据时代人们思维变革的分析，不难看出大数据思维与小数据思维之间的差异性，如图 6-1 所示。

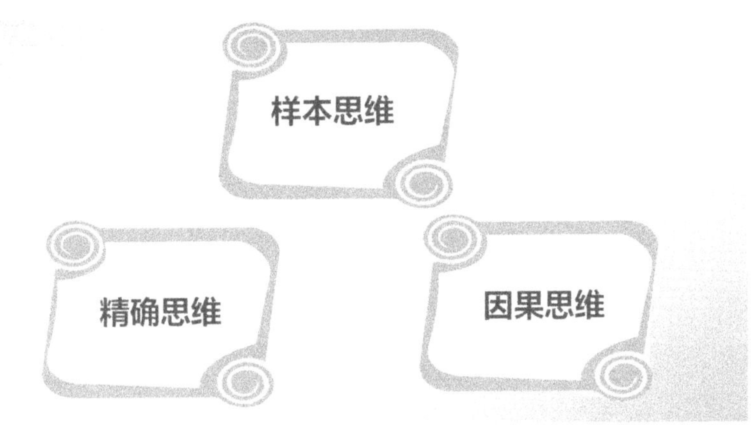

图 6-1　小数据的三大思维

6.1.1　样本思维

在大数据时代，人们处理信息的能力不断提高，数据采集和分析工具变得更加先进，因此可以十分轻松地对收集来的全体数据进行分析、处理，可以对事物有更加全面、崭新的认识。因此，可以说大数据思维实际上就是一种总体思维。

舍恩伯格曾经说过一段话："我们总是习惯把统计抽样看作文明得以建立的牢固基石，就如同几何学定理和万有引力定律一样。但是，我认为统计抽样其实只是为了在技术受限的特定时期，解决当时存在的一些特定问题而产生的，统计抽样的历史到现在不足一百年。如今，技术环境已经有了很大的改善。在大数据时代进行抽样分析就像是在汽车时代骑马一样。在某些特定的情况下，我们依然可以使用样本分析法，但这不再是我们分析数据的主要方式。"舍恩伯格这段话十分透彻地分析了大数据的总体思维的重要性，但也同时道明了小数据思维在特定的情况下同时具有一定的价值和意义。

这一小数据思维其实就是与大数据总体思维相对应的样本思维。虽然大数据时代，小数据的样本思维已经不再像以往一样是数据思维的主流，但是人们利用小数据的样本思维也可以解决一些特殊问题。也就是说，在

大数据时代，人们在利用总体思维收集、存储、分析人类行为大数据，并应用于生产、生活、工作的同时，小数据的样本思维也能够从更加细微、全面的角度获得人们的心理数据、行为数据与心理数据的结合，即总体思维与样本思维的融合，能够让我们对事物的认识更加全面、精准、立体和系统。

我们在这里提到了小数据样本，顾名思义，就是说数据的样本少，实际上本质讲的是现存样本对特征空间的刻画能力不足。

过拟合[①]问题是小数据时代的核心问题之一。大数据之所以称为大数据，一方面是因为其具有能够超出一般算法或一般硬件的计算能力；另一方面是因为其拥有足以用来刻画样本特征空间以外的"超额"样本。其中，第一个特征是推动云计算软件发展的动力，第二个特征是从商业模式和数据分析的方法论层面推动行业的变化。

这里所讲的"超额样本"其实也是十分容易理解的，讲的是所提供的样本数量已经超过了其对特征空间的刻画能力。但是，在实际应用过程中，我们清楚地发现，在通过数据获取用户对象的全局特征时，获得全体统计规律以及关联规则并不需要利用"超额样本"来解决。这也就是我们为什么会提出疑问：是不是大数据越多越好？大数据是否需要抽样？然而这已经是大数据时代出现之前我们需要讨论的话题。在大数据时代，如果有人还在纠结这些问题，那么说明这些人还没有真正触及和了解大数据的核心价值所在。

说了这么多，其实归纳起来就是两句话。

（1）大数据时代之前，我们所涉及和处理的是通过小样本或适度抽样后的小数据总结群体规律的知识发现。

（2）大数据时代，我们所依赖的经验和规则是从小样本挖掘出来的，或者是我们原本就已经知道的，通过搜索小样本数据，将其聚集为海量样本数据，即通过目标个体的汇集来兑现巨大的商业价值。

[①] 过拟合，是指为了得到一致假设而使假设变得过度复杂。

我们在这里拿服装打版过程中小样本人体尺寸数据的提取分析以及应用为例。很多时候，服装的设计打版过程是采集小样本人体尺寸来预测人体参数，并得到了大部分部位的精准尺寸，从而节省了测量时间，同时还能使服装更加合体，提高了企业的工作效率也提升了产品质量。

首先，对人体参数进行采集。

服装设计、生产的最终服务对象就是消费者，因此，人在整个服装设计过程中具有主导作用，在具体的纸样设计过程中，人体的形态、运动机构、生理特征、心理特征等都是服装设计师所应该考虑的问题。由于人体是一个三维体，因此在服装设计过程中，人体参数就是一个衔接平面和立体的关键。在人体参数的收集过程中，选取不同体型的、有代表性的人来全面收集齐各个部位的参数信息，包括胸围、腰围、臀围、头围、背宽、肘围等数据。当然，这些具有代表性的个体所提供的数据，由于其数量少，因此仅仅是一些小样本数据。

其次，对收集到的小样本数据进行分析。

前面所采集的人体参数与其所处的部位是密不可分的，结合这些数据可以为人体服装的各个部位制作更加贴合、美观的版型。

以背宽为例。人的背宽各不相同，有的背部较宽，有的较窄，有的偏驼背，因此，针对这些不同特征，根据具有代表性的人体小样本数据米设计纸样，可以在背宽基本量的前提下加上一些宽松度，使得肩宽、背宽之间在视觉上形成平衡。

再次，根据小样本数据分析结果建立人体模型。

人体模型是根据人体参数中所提供的基本部位尺寸，结合国标制定时的数理统计制作而成的模型，并且根据小样本人体原始数据建立特征函数以及人体模型数据库。

最后，将所得模型应用于实际服装制作过程中。

在服装制作过程中，使用小样本人体数据建立的模型库，有利于大范围人体参数的精准预测，对服装的标准有一定的参考价值。之后，将该人体尺寸下制作出来的三维虚拟成衣在三维人体模特上进行试穿，显示的立体效果为消费者带来了很大的实用价值和参考价值，从而为服装制造企业带来了巨大的商业价值。

6.1.2　精确思维

大数据时代，大数据技术有了很大的突破，因此可以对诸多结构化数据、非结构化数据进行收集、存储和分析。这样一来提升了人们对于事物的洞察和见识的能力，二来也挑战了精准性。

舍恩伯格说过这样一段话："执迷于精确性是信息缺乏时代和模拟时代的产物。只有 5% 的数据是结构化且能适用于传统数据库的。如果不接受混乱，剩下的 95% 的非结构化数据都无法利用，只有接受不确定性，我们才能打开一扇从未涉足的世界之窗。"从这里我们能看出，大数据时代，海量数据已经不再具有极高的精确性，因此，在拥有海量数据的时候要带着一种包容的心，忽略其一定程度上的错误和混杂，这体现了大数据的一种容错思维。

但是舍恩伯格的这段话同时也意味着，小数据收集的样本信息量比大数据少，因此能够确保数据具有结构化、精确化特征。因此，这是小数据的又一种思维，即精确思维。

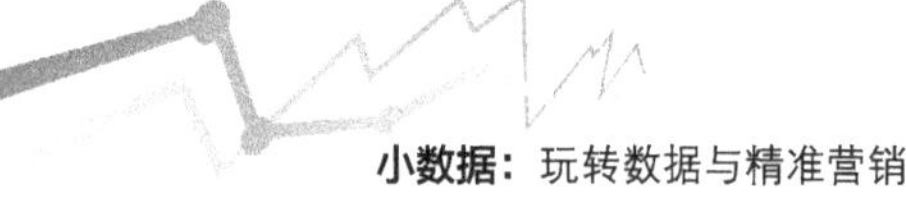

一家汽车公司想开展一次问卷调查活动，但是如果进行线下调查，则考虑一方面需要出人力，另一方面又要花费大量的时间才能完成，于是就想到了用商户平台——淘问卷来完成这一工作。这次问卷活动给这家汽车公司带来了意想不到的惊喜。在短短的几天时间里，就收到了几千份答卷，而且完成了一次针对全淘宝用户的调查，仅仅花费了 10 元。这份问卷还能自动统计答卷结果，整合成电子表格的形式，在短时间内就能将这一项项小小的数据汇总为庞大的数据，既快捷又方便。

通过这次调查，该汽车公司得到了诸多与汽车的外观以及性能方面的反馈信息：50% 的用户表示认可，40% 的用户认为还需进一步完善，10% 的用户表示对当前的情况并不满意；参加这次调查的人中，年龄分布为：25 ～ 35 岁用户占 65%，30 ～ 40 岁用户占 35%；网购态度为：愿意尝试网络购车的用户占 70.8%，不希望采用网络购车方式的用户占到了 8%。另外，还通过调查清楚地得知，对当前汽车的外观、性能表示不满或者希望有所改进的受访者对汽车流线型不太流畅、汽车排量有待减小、汽车启动噪声较大、汽车减震功能有待提升等方面提出了宝贵意见，从而让该汽车公司更加明确当前自身的不足之处，以及需要改进的力度大小。这就是一种利用小数据精确思维通获得精确、全面、细微数据的例子。

6.1.3　因果思维

大数据时代，人们可以利用数据挖掘技术找到与事物相关联的隐蔽性内容，从而获得更多的认知与洞见，从而能够更加容易、更加快捷、更加清楚地分析事物。这就是大数据的相关思维。利用这一思维，可以帮助人们看到以前所不曾注意到的联系，同时可以帮助人们更好地预测未来。正如舍恩伯格所说，大数据让我们知道的是"是什么"，这也正是大数据相关思维所阐释的内容。

零售巨头沃尔玛非常善于挖掘数据之间的相关性，并非常善于利用这种相关性。尿不湿与啤酒已经是沃尔玛利用数据之间相关性的最典型的例子。但是沃尔玛在这方面的应用并不仅限于此。

沃尔玛通常会对店内的销售情况等进行监控，并收集大量销售信息。利用这些数据信息，沃尔玛有效地降低了库存量，降低了运营成本，增加了营业额，提高了销售效率。因此使得沃尔玛成为了世界上最大的"寄售店[①]"。但这对于沃尔玛来讲，还不算什么，更重要的是沃尔玛通过利用数据之间的相关性预测未来的销售情况。沃尔玛注意到，每当在季节性飓风来临之前，不仅手电筒的销量大幅增加，而且蛋挞的销量也随之增加了。因此，当季节性飓风来临时，沃尔玛就会把库存的蛋挞放在靠近防御飓风用品的位置，方便行色匆匆的用户购买，从而增加了销量。

对于小数据而言，恰好与大数据思维相反，小数据思维强调的是一种因果关系，关注的是"为什么"，侧重于通过有限的样本数据来剖析其中的内在机理。因此，这就是小数据的一种因果思维。在大数据时代，结合大数据相关思维与小数据因果思维，可以协助人们得到更广、更深的数据洞察，让人们更加透彻地了解事情的相关性及其内在原因。

6.2　品牌营销人员如何应用小数据思维

如今，互联网以及社交媒体的发展使得网络上产生了越来越多的数据，这些大数据具有多维度的特点，使得企业都在谋求各平台间的内容、用户、广告投放的全面打通，以期通过用户关系链的融合、网络媒体的社会化重构，为广大用户带来更加精细化的营销效果。

对于品牌营销人员来讲，营销额对他们来说是营销的终极目标。但是在营销过程中，他们最常问到的一个问题就是"应用大数据思维可以达到什么成绩？"通常，人们认为，拥有更多的数据就能够获得更好的营销效果。在大数据时代，"大数据"这个词本身就使得营销人员形成了一种思维定式，他们关注的是海量数据中的信息图标、字节、字符数等，整个品牌营销过程中都充斥着大数据思维。

---

① 寄售商店是一种有别于代理销售的贸易方式，是指从事寄售行业的商店。寄售是一种委托代售的贸易方式，也是国际贸易中习惯采用的做法之一。在我国进出口业务中，寄售方式运用并不普遍，但在某些商品的交易中，因促进成交、扩大出口的需要，也可灵活适当运用寄售方式。

任何一个在北京大悦城具有购买经历的人都可以发现一件事情，那就是当你在一家中国香港满记甜品店里满足味蕾需求的时候，手机上就会收到一条有关美国服装连锁品牌店 GAP 的促销短信。对于这样的促销信息，很多人都表示惊讶不已。根据大悦城对用户的跟踪分析，发现光临满记甜品店的会员中，有超过 37% 的人会去 GAP 购物。

事实上，这种相关思维只是大悦城进行精细化营销中的冰山一角。上海闸北苏河湾大悦城正在利用大数据思维构建 21 个层级的会员管理体系；北京西单大悦城正在重点利用大数据思维挖掘客流轨迹，朝阳大悦城正在尝试利用大数据思维拓展 O2O 服务。

我也曾与非常专业的大数据咨询机构合作过，对此有更深的看法。我认为，大数据思维应用的理想场景就是利用线上线下消费者的全部购买行为、购买历史、会员卡对消费者进行分类，通过将传统的"销售产品"转变为"满足消费者需求"的模式，从而实现精细化营销。

但是，仅仅利用大数据思维还是不够的，往往很多时候还需要小数据营销思维与其互补。

相信很多人在购物时会有这样的经历：进入商场或超市购买一件急需产品的时候，往往会因为对该商场或超市不熟悉，而一时找不到该产品的摆放位置。然而，实体店的品牌营销人员能够把以用户为中心的小数据，包括位置、搜索历史、品牌偏好等，与实体店小数据联系起来，从而让消费者能够更加实时地、精准地找到自己需要购买的产品。

这样中小数据精确思维，虽然看似在品牌营销中的作用微乎其微，但却帮助品牌营销人员更好地为消费者提供极大的便利，让消费者能够在短时间内、精准地找到自己想要的商品，可谓是想消费者所想，急消费者所急。

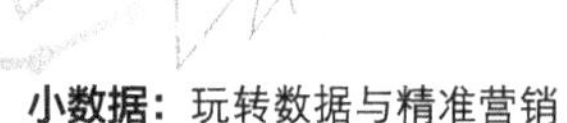

小数据思维虽然不及大数据思维那样能够从大方面着手，为消费者提供更加满意的产品和服务体验，但是能够从小处着眼，发现消费者在购买产品时的细微需求，并能够很好地解决其细微困惑，从另一个侧面与大数据思维形成互补，让消费者体验达到极致。

耐克作为国际顶级的运动品牌，其公司旗下的产品门类众多，耐克鞋、耐克运动服、耐克运动器械等，都是市场中的热卖产品，一有新品上市，立刻就能引爆一轮抢购热潮。那么耐克公司是如何保证每一款产品都能够受到消费者欢迎的呢？

实际上，耐克的成功是借助于一款专属于自己品牌的手机 APP。用户只要下载 APP 软件并安装，打开界面，就可以看到耐克的所有产品的公开数据，包括材料、重量、环保指数、透气性等，消费者均可以一目了然。这些被公开的、透明的、精确描述产品特征的数据，让消费者非常直观地感受到了耐克以用户为主的诚意，同时也自愿通过 APP 参与新产品的研发，为新产品的成型主动提供十分宝贵的意见和建议，消费者还可以通过点击投票的方式表示自己对新产品的期望值。在最后归拢信息的时候，耐克可以得到一个非常简单易懂的饼状图，表示消费者期望值的百分比。如一款新跑鞋，60% 的人期望值投给了轻便，而 30% 的人选择了环保，剩余的 10% 的人则在其他方面提出了更有见地的诉求。之后，耐克的数据团队就会将所获得全部反馈信息进行提纯，最后将其反映给产品研发部门，通过这些非常有价值的数据，研发部门可以研制出更能满足消费者需求的产品。

耐克公司成功借助了小数据思维，反向通过向消费者提供更加精确的产品数据，吸引消费者的关注，让消费者觉得耐克的确是站在消费者立场上为消费者考虑的，从而拉近了消费者与耐克之间的距离，让消费者积极主动地参与耐克新产品的设计，提出自己的宝贵意见，让耐克的产品更加贴近消费者需求，这样消费者又怎么会不购买耐克产品呢？

所以，小数据思维对于品牌营销人员来讲也有大用途，是除了大数据思维以外，伴随企业同行的最佳搭档。那么，品牌营销人员在应用小数据思维的时候，要注意哪些方面呢？要点如图 6-2 所示。

图 6-2　品牌营销人员利用小数据思维要注意两点

1. 小数据要与品牌营销挂钩

企业利用小数据思维的目的就是实现品牌营销利润的最大化。因此，企业的数据团队要与营销团队相互配合，否则一部分人闭门造车，不明白企业、产品的重点以及外界市场的竞争情况，另一部分人直接拿来就用，以至于企业在制定营销策略的时候产生了偏差都毫不知情。

对于品牌来讲，将数据与技术相结合是成就其品牌营销策略的最好方式。在品牌营销过程中，利用小数据的样本思维同样可以提升营销效率和效果，如图 6-3 所示。

首先，利用小数据分析消费者在哪里。

随着互联网的不断进步，品牌与消费者之间的沟通方式也越来越多样化，因此，数字营销成为品牌营销的首要问题。在大数据时代，品牌自身所掌握的销售信息并不能完全满足营销决策的需求，企业所需要的消费者特征、偏好、需求等信息可以通过问卷调查的方式获得。

其次，分析如何提升与消费者的沟通效率。

用户在使用某些品牌产品过程中会出现很多不确定的因素，因此企业可以根据消费者调查而获得的样本数据，为这些消费者提供创意广告以符合其品位，从而实现广告创意、目标人群以及媒介的完美整合，这样，不但可以在短时间内完成品牌与消费者之间的沟通，而且还使得沟通效率大幅提高。

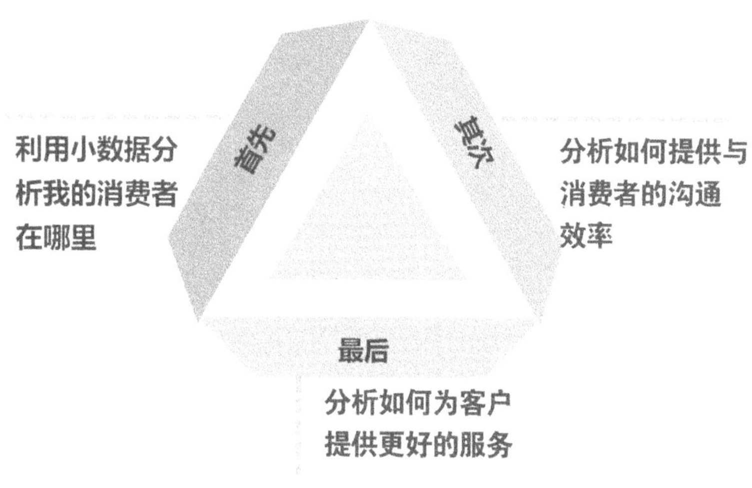

图 6-3　小数据的样本思维应用于品牌营销

最后，分析如何为用户提供更好的服务。

通过对消费者的样本数据进行深度分析，可以发现消费者的兴趣偏好，从而线上线下相结合，为其提供更好的售前、售中、售后用户体验，进而提升企业品牌的影响力。

在手机行业中，没有人敢说诺基亚公司很差劲，因为这家成立于 1865 年的公司，在过去的一百多年的时间里已经给人们的移动沟通带来了巨大的便利，手机的全球销量更是从 1996 年起，蝉联 14 年的霸主地位。然而它显然很好地适应了"大数据时代"的到来，却没能抓住小数据的机遇，没能够利用我们身边的小数据进行消费者问卷调查，因此没能够很好地满足当前消费者的需求。众所周知，随着智能手机的出现，谷歌开始着手安卓系统和苹果着手 iOS 系统的开发和研究，最终受到了消费者的一致喜爱。这些系统个性化的系统界面，给人们的生活、工作带来了极大的便利。然而诺基亚却忽略了从最基本的用户调查出发获得样本数据的重要性，反而背道而弛，拒绝使用全新的手机系统，坚持使用塞班系统，以至于落后到无人问津的地步。最后，诺基亚品牌先后被苹果和三星超越。诺基亚公司意识到事情的严重性之后，开始在某些方面有所改变，但是依然对安卓系统有一种抵触心理，而是采用了 MeeGo 和 Windows Phone，可是这样做的结果是，除了花费大笔资金，并没有给其手机的销量带来改观。2013 年，诺基亚公司还推出了一款拥有 4100 万像素的手机 Lumia1020，但是其销量依旧没有回升的迹象。最终，在 2014 年，诺基亚公司彻底从手机市场中退出了。如今，诺基亚公司接受了经验教训，明白了数据在其生命历程中的重要性，并且结合先进的工艺、技术等，开始计划于 2016 年重新登上历史舞台。2016 年，诺基亚将会以如何的面貌迎合消费者需求，我们将拭目以待。

2. 小数据要具有真实性

因此，利用小数据进行品牌营销的前提，就是要保证小数据来源的真实性，否则闭门造车的数据不能如实反映企业情况、产品情况、消费者情况，在这样的状态下进行品牌营销产生的结果是可想而知的。

我们谈到小数据的真实性，其实这一点在我们进行品牌营销的过程中是至关重要的，那么如何才能保证所获得的小数据具有真实性呢？

其实，保证小数据的真实性与大数据的方式是相同的。

（1）**具有正确的类型**，包括正确的数字型、字符型等。

（2）**具有正确的格式**，像数据元素所特有的格式，如日期等。

（3）**具有完整性**，对一组数据进行度量的时候，要依据其数据元素，具体包括数据度量的实体、发生的时间、采集的时间、度量的工具等。

（4）**要保证计算过程的准确性**，数据收集之后往往要经过分析和处理，在分析和处理的过程中通常要采用一定的计算方法来算出具体的数值，因此，只有保证数据计算过程的准确性，才能使企业在品牌营销过程中对数据的利用更加精准。

（5）**最重要的一点**，也是最基础的一点，那就是要保证数据在采集、整理、存储、传输的过程中，不会因为人为因素而将数据丢失或篡改，带来极大的误差。

6.3　小数据及时反映竞争对手品牌特征

企业营销必然会事先制定自己的品牌战略，从而打造自己的核心竞争力，以保证企业的长远发展。当下，信息技术的高速传播使得全球进入全新的经济格局阶段，企业的产品、技术、管理等组成了企业在激烈市场竞争中的核心竞争力，由此打造了企业在市场中特有的品牌特征。

品牌是企业的无形资产，品牌的质量、功能和价值是品牌的用户价值要素，品牌拥有者可以凭借品牌在质量、功能和价值三方面特有的优势获取源源不断的利润，并且通过品牌开拓市场、提升企业形象，因此品牌的价值以及可以给企业带来的利润是我们可以看得到的。通常，企业要想立于不败之地，并且做到品牌特征不被模仿，就应使自己打造的品牌具有以下特点。

具有不可替代性，任何其他企业都难以模仿。

企业能够依靠品牌以及其附加价值实现持续盈利。

能够长期作为企业的核心竞争力，并且持续下去。

能够作为企业竞争壁垒，转化消费者的心理认知。

由此可见，品牌对于一个企业来讲，犹如命脉一般至关重要。但是，如果能够运用现代技术手段窥视外部竞争对手的品牌特征，那么对于企业自身而言，可以说是无往而无不利。

在大数据时代，社会各界都在谈品牌，每个企业都想把自己的品牌树立起来，但与此同时也希望利用数据挖掘、分析技术，结合数据思维，来探知竞争对手品牌特征，做到知己知彼，这样就能够将竞争对手各个击破，并形成势如破竹之势，从而达到攻城略地的目的。

利用小数据来探知竞争对手的品牌特征，要从其质量、功能、价格和价值4个方面入手。

首先，质量。作为一个品牌，其质量对于一个企业来讲，是最基础的，也是最重要的。不注重产品质量的企业，其发展前景不言而喻。利用数据挖掘技术，从品牌质量入手，获得与品牌质量相关的设计、材质、形状、大小、色泽、外观、构造、环保性能等方面的数据，利用小数据思维全面、细致、精确地分析竞争对手的品牌质量，从而与自家产品进行对比、分析，才能去其糟粕取其精华，弥补自家产品的不足之处。

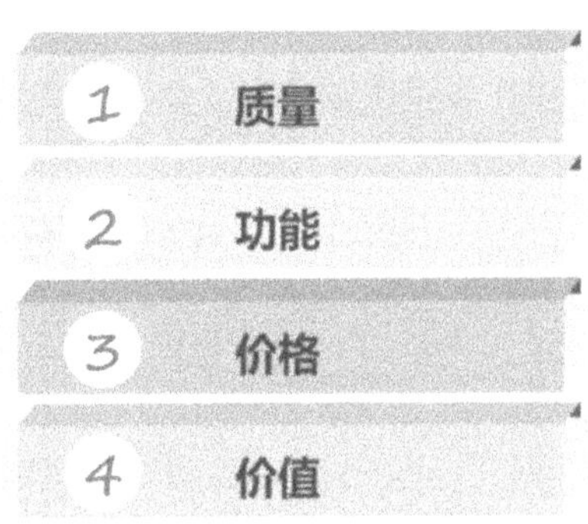

图 6-4　利用小数据来探知竞争对手的品牌特征从 4 个方面入手

其次，功能。品牌功能是仅次于质量的第二大要素，也是当前消费者关注一个品牌的重点所在。随着信息技术的不断发展，各种智能型产品不断涌现，因此质量过硬已经不再是消费者判断品牌好坏的唯一，而是产品必需的特性。功能的先进与否已经成为了品牌的核心内容。深度挖掘竞争对手品牌的功能特征，包括排放量、能耗、智能程度、音质、像素、运转速度等方面的数据，从这些小数据中可获知竞争对手的品牌功能优势。

一度成为手机行业佼佼者的诺基亚公司，逐渐走上了滑坡的道路。到 2011 年，诺基亚公司在法国、西班牙、芬兰等处的实体店先后关门。随着苹果、三星、小米等众多品牌的不断兴起，诺基亚的市场占有率越来越低。数据显示，2011 年，三星市场占有率达到了 22.5%，成为当时手机行业的领导者，联想手机占 10.7%、华为占 9.9%、酷派占 9.5%、中兴通讯占 8.9%、苹果占 7.7%，而诺基亚却仅仅占有 3.15 的市场份额。2013 年，诺基亚在我国上海的最后一家实体旗舰店也正式宣布关闭。自此，诺基亚就彻底告别往日的辉煌，在手机市场中陨落。究其原因，实际上在于诺基亚公司没有真正领略到"得数据者得天下"这句话的内涵。正当大数据在 IT 行业里开始盛行的时候，像诺基亚、爱立信、惠普等荣耀一时的手机生产商却因为反应迟钝，而没有利用数据思维全方位了解其他企业的品牌特征，只活在自我的世界里，从而当自己还在原地踏步的时候，各种安卓智能手机诞生了，并一举占领了市场，使得诺基亚的塞班系统没有一丝优势可言。也正是基于此，诺基亚在激烈的竞争中以失败告终，其市场份额被安卓智能系统瓜分殆尽。

再次，价格。价格对于消费者来讲，物超所值是消费者非常希冀的；对于企业来讲，生产一种产品，是以产品的利润为目标，以扩大市场占有率为目标，还要适应激烈的市场竞争。因此，价格是实现品牌营销效益、决定消费者是否购买并且获得消费者满意度的一个重要因素。精准挖掘竞争对手品牌的价格阶段、价格区间的数据，也是可以很好地反映竞争对手品牌特征的一种方式。对竞争对手品牌价格的精确挖掘，可以帮助企业制定成本定价策略、需求导向定价策略和竞争导向定价策略。

最后，价值。价值是企业进行品牌营销的核心部分，更是区别于其他同类竞争品牌的重要标志。商业管理界公认的"竞争战略之父"迈克尔·波特在其品牌《竞争优势》中曾经指出："品牌的资产主要体现在品牌的核心价值上，或者说品牌核心价值也是品牌精髓所在。"这句话可谓一语中的，道出了品牌价值的重要性。品牌价值包括品牌的属性、档次、文化、个性等，这些都是消费者追求品牌价值的核心内容。企业从这几个方面入手，全方位、精准地挖掘竞争对手品牌价值的细微之处，有助于企业提升自身品牌价值。

大数据时代，通过利用小数据挖掘竞争对手的品牌特征，及时反映竞争对手的品牌策略，可以很好地帮助企业完善和改进原有营销策略，最终在激烈的市场竞争中赢得巨大的市场份额。

6.4　通过小数据思维监测和管理企业品牌危机

在瞬息万变的产品竞争市场中，品牌的营销力度决定了企业形象的好坏，甚至也影响着企业的兴衰成败。然而，在广大消费者眼中，品牌产品则更得其心。也正是这些原因，使得众多企业都千方百计地完善和实施品牌营销战略，极力避免品牌危机的出现。

在这个大数据方兴未艾的时代，大数据赋予了品牌营销全新的意义，与此同时也为企业品牌危机提供了更加实时、便捷、全面的数据监测和管理方式。

所谓品牌危机实际上是指企业在发展过程中，由于自身的失误、失职或内部管理不当而出现企业品牌被市场吞噬，甚至短时内消失得无影无踪，从而导致消费者对企业品牌的信任度逐渐下降，最终出现品牌产品销量急剧减少、品牌口碑一落千丈的情况。

通常情况下，品牌危机的表现形态有：品牌形象危机、品牌质量危机、品牌服务危机、品牌经营决策危机、品牌延伸危机和品牌扩张危机，如图 6-5 所示。

图 6-5　品牌危机的表现形态

可能导致品牌危机的因素有以下几个方面，如图 6-6 所示。

（1）**整体发展战略缺乏：**企业的发展战略关乎整个企业的生机和命脉，整体发展战略缺乏，必然会导致品牌危机的形成。

（2）**管理机制不健全：**有了好的管理机制，企业才有好的发展，完善的管理机制是企业朝更健康方向发展的保护伞。

（3）**缺乏品牌危机意识：**正所谓防微杜渐，品牌危机意识是每个企业都应该具备的。

（4）**假冒货对品牌产品及企业的冲击：**市场竞争激烈的情况下，不少企业为了快速获取巨额利润，会投机取巧地利用假冒产品来代替品牌产品进行销售，严重冲击了企业品牌的发展。

（5）**品牌产品本身出现质量问题：**以次充好的时代已经过去，品牌产品质量不过硬，必然影响整个品牌的形象，进而带来品牌危机。

（6）**商标意识不强：**商标实际上是商品的记号或代号，代表着品牌的形象。

（7）**产品缺乏创新：**创新成为当代企业发展的标杆，缺乏创新的产品犹如一潭死水，没有任何生机，只有自主研发创新产品，企业才能博得市场的青睐，获得广大消费者的赞誉。

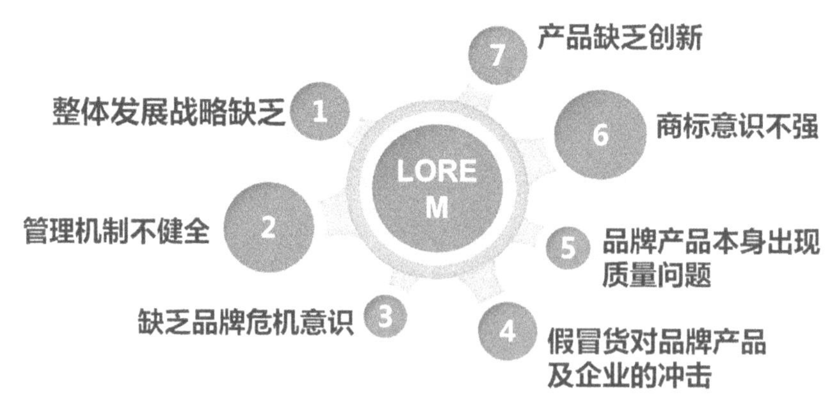

图 6-6　导致品牌危机的因素

对于这些让企业谈虎色变的品牌危机，大数据可以根据其可预测未来的特性，对企业品牌危机的传播趋势进行全程监测和跟踪，对监测和跟踪所获得的大量数据进行全面分析，快速识别产生品牌危机的原因，并发出警报，按照人群的社会属性以及聚类事件发生的过程，高效识别重要的参与人员和传播路径，以及导致品牌危机的原因，进而更好地管理品牌危机。

另外，小数据也在品牌危机的检测过程中起到了重要的作用。利用小数据的样本思维、精确思维、因果思维，从消费者出发，进行消费者调查，从消费者对产品的需求、喜好以及服务需求等方面挖掘数据信息，并与当前企业营销过程中从产品到服务的每个环节进行对比，找出不相匹配的因素，从而找到引起企业营业额下降的真正原因。

英国的特易购公司（在国内拥有多家乐购大卖场），创建于 1919 年，可谓零售业的老牌公司，与巨头沃尔玛、家乐福三足鼎立，共同称霸全球的零售业领域。在很多人看来，这样的老牌企业必定是思想保守陈旧、不善于变通，并认为，在大数据时代，这样的公司必将一步步被市场所淘汰。然而，特易购感受到了大数据时代的危机感。因此，经过长时间的调查和数据收集，对 50 万用户的性别、职业、年龄、生活习惯、品味、商品需求、个人喜好、口味、家庭状况等进行了记录，并且把收集来的这些数据记录到数据库中，对每一位用户进行分析评估。通过对比消费手段的数据波动，他们发现，当前消费者更加喜欢用信用卡购物，使用信用卡的消费者人数已经超过了传统的现金支付和 POS 机刷卡支付，消费者的超前消费意识越来越强烈，这必将成为一种消费潮流。特易购意识到，自己身处服务危机当中，使用的现金支付、POS 机支付已经不再能够满足消费者服务需求，不能适应消费者超前消费的潮流；并认为如果不马上改进和完善自己的营销策略，势必会被当前的局势所困，面临淘汰出局的危险。于是，特易购推出了自己的信用卡服务，使用特易购信用卡在超市购物的消费者，可享受折扣优惠，还会获得一份小礼物。此举果然奏效，受到了消费者的欢迎，超市运营的利润大幅度提高。从这方面来看，特易购不但能够跟得上市场潮流，甚至有时候还能成为潮流的引领者。

特易购之所以能够在大数据时代不但克服了品牌危机的发生，还能够适应时代潮流，引领时代潮流，关键在于其善于利用数据思维，将大数据与小数据相结合，挖掘导致品牌危机的原因，之后再对重要数据信息进行深入的处理，高效、迅速地定制了具体的应对措施。这样不但保护企业不受品牌危机的影响，还挽救了品牌声誉，有效地从源头和重要节点抓起，从而快速地解决了品牌危机问题。

因此，在这个生长过剩的年代，企业需要做到供需对接，利用大数据可以进行品牌危机预测和预见生产，这已经是不争的事实；小数据则代表消费者的心声，从小数据中可以看到消费者发自内心的需求。因此，我认为，企业需要通过利用数据说话，找到更加能够契合消费者需求的生产数据，这样既可以杜绝品牌危机的发生，又可以更好地制定出利于企业发展的营销策略。可以说，数据技术、数据思维为企业预测和管理品牌危机提供了一条便捷之路，并为企业在消费者面前保留了良好的荣誉和形象，更好地扩宽了企业的发展空间。

各领域玩转小数据实现精细化运营案例

　　精细化运营已经成为当前企业运营的一种趋势，在得心应手地运用大数据挖掘、分析技术的时候，企业也会结合小数据存在的价值和意义在运营中进行探索性尝试，在医疗行业、旅游业、餐饮业、印刷业、智能穿戴设备领域、线下实体店方面的应用已见成效。

7.1　医疗行业用小数据实现真正的个性化治疗

如今是大数据时代，诸多由此产生的巨大冲击力，也影响了我们生产生活的方方面面，基于大数据而诞生的众多与时俱进的思想和产品、服务、研究等也都颇具创新性的服务，为我们的生活增添了不少色彩，带来了不少便利。

在大数据时代，大数据分析、大数据挖掘、大数据平台等词汇是我们看到最多的，也是各个领域应用最多的，可以说大数据在我们的生活中无处不在。尤其是在医学领域里，诸多科研文章、医学诊断、药物评价、医学评估等都"言必称大数据"，更甚者就连中医辨证也拿大数据做医学统计学佐证。

但是，结合实际情况来思考，由于每个人都是有一定的特殊性的，因此人与人之间并不是相同的，也就是说统计学中的假设 $N_1=N_2=\cdots\cdots=N_n$ 并不是任何时候都是成立的。当然，大数据的巨大价值是不可否认的，但是在某些特定情况下，对于基于概率性问题，大数据并不是非常适用。

假设对某一区域的 10 万人的本底数据进行统计，那么这 10 万人就可以代表全国 14 亿人的全部特征吗？甚至可以代表全球 50 亿人的所有情况了吗？显然，答案是"不能"。很多时候的研究仅仅以几十个、几百个人的底本为代表，来分析全部人的特征，这样做并不具备一定的精准性。这里存在一个概率的问题，我们要正确认识统计学中概率与个体之间的关系，即概率是横向比较，个体化数据才是纵向数据。

小数据的提出，很好地解决了这个问题。小数据实际上就是个体化的数据，是每个个体的数字化信息。虽然小数据不像大数据那样具有规模庞大、数量繁杂的特点，但是对于个人而言却是至关重要的，也是不可或缺的。我们前边讲到过美国康奈尔大学教授德伯哈尔·艾斯汀作为第一个意识到小数据的重要性的人，从自己父亲每日的身体状况中发现了小数据能够反映生命变化的讯息，从此也发现小数据在医学研究领域的重要价值。

诚然，大数据正在改变着我们当代的医学，像骨质疏松诊断标准、医疗设备溯源、高血压诊断标准、基因诊断等都离不开大数据的帮助。但是，这些能够细致描述人体变化的小数据对于个体临床治疗来讲则更加重要，为拯救生命带来重大的变革，而且可能对未来个人医疗的发展具有划时代的意义。尤其是随着科技的不断进步，智能设备逐渐成熟并普及，移动技术成为可以高效、连续、精确、安全收集个人数据信息的最好工具，这些个人数据信息包括工作、学习、购物、吃饭、睡觉、锻炼、通信等，根据全方位追踪所获得的这些全面、细微的数据，可以对个人的健康进行画像，以便更好地记录个人生活和健康状况。

拥有了这幅详细记录身体健康状况的画像，医生就可以根据画像内容，帮助患者精确服药剂量。虽然每种药的说明书都标有服用剂量，但是每个患者的身体质量或者患病程度各不相同，剂量超出人体可接受的范围，会使身体不适，更严重的会影响健康；如果剂量过少，会使得病情得不到有效的控制，错过最佳治疗时间。然而小数据则会从病患体质、病情等各方面为病患制定更加适合其身体状况的用药剂量。

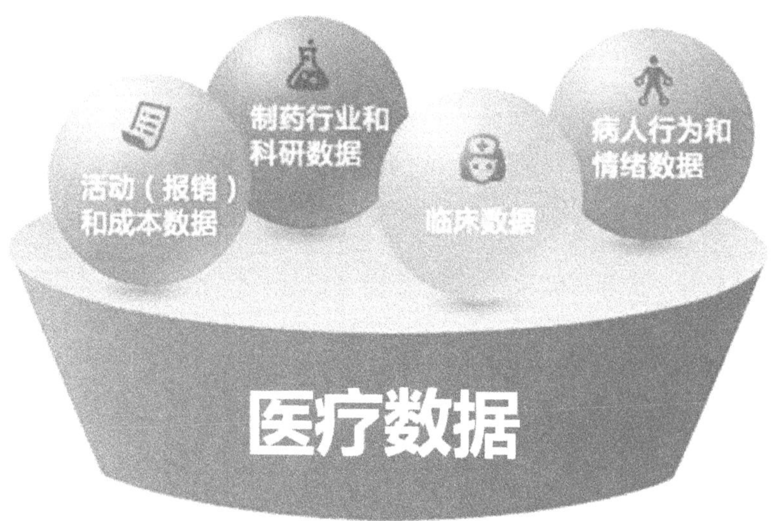

如今，小数据或许可以应用于癌症的治疗。很多人认识到，利用患者的数据来进行个性化的癌症治疗或许真的可以帮助人类攻克癌症这一难题。这样就需要将患者特征化。肿瘤细胞的 DNA 让不同癌症患者出现不同的身体变化。例如，大致相同的基因变异只占 10%，即便是同一个肿瘤，其细胞的变异也会有所不同。基因之间的相互作用可能引起二次变异，对患者的治疗会产生很大的影响。因此，在诸多患者身上用同种方式或药物治疗并不能真正达到对症下药的目的。个性化的药物治疗可以根据患者本身情况为其开出药方，使得对症下药变为对人下药，为患者提供有针对性的个性化治疗。这种个性化治疗需要从患者那里提取和分析其个人行为随时间变化而变化的规律，这个规律就是小数据。

实际上，我们在这里强调小数据在医学领域中的巨大价值，并不是说大数据在医学中没有用武之地。在医学上，寻找治疗方法的规律时需要大数据。然而针对不同患者的不同病症情况，通过个体小数据可以推动个性化治疗，提高治疗的精准度，从而减少误诊、用药过度、用药不足等情况。这也正是大数据时代，以大数据为规律，从小数据中进行个体的个性化匹配，实现医学治疗精细化。

7.2　旅游业全面挖掘应用小数据的潜能

数据调查显示，2016 年春节，国内游客对于高星级（4 ～ 5 星级）酒店的需求将远远超过预期，境外高星级酒店所占的比例超过了 60%，境内高星级酒店所占比例也达到了 53%；而 2015 年春节期间，境外高星级酒店所占比例为 51%，境内高星级酒店所占比例仅为 35%。

2016 年春节国内游客选择境内、境外旅游的变化与 2015 年相比，没有太大的变化，大多数旅游地点都与 2015 年相同，如三亚、厦门、昆明，以及日本、韩国、泰国等。三口之家则更加偏向于在国内周边景区或城市旅游，而朋友、情侣这样的两人或多人结伴出游则偏向于境外旅游。

近几年来，出境旅游成为人们旅游的热点，其原因在于随着国内人均 GDP 的增长，人们的资金相对充足，因此，享受型旅游便成为了新的旅游需求，人们愿意花更多的时间和金钱来享受假期带来的舒适和惬意。

以上这些调查数据所反映的当前我国旅游特点以及趋势，正是在大数据挖掘和分析基础上得到的结果。在大数据背景下，越来越多的业者发现大数据的商业价值——这些看似毫无生机的海量数据可以为旅游产业创造巨大的商业价值。因此，不少旅游业者开始尝试大数据在旅游开发中的应用，如携程网、同程旅游、票管家等都致力于创新智慧旅游。

但是，人们在重视大数据在旅游业中应用的同时，往往忽略了小数据的应用价值，很多旅游业者过分关注旅游交易数据，而忽略了通过用户互动所获取的重要信息，即小数据。总之，我们换个角度来看，大数据与企业有关，而小数据则与消费者有关。

那么，小数据从何而来，旅游业者该如何利用好小数据呢？

首先，小数据的获取其实很简单、便捷，与用户进行一对一的交流，在交流过程中，用户所表达的心声和想法就是一些零碎的小数据。

其次，利用这些小数据，旅游业者可以更加个性化地开展每一次互动，并且持续建立让用户感到隐私安全得到保障的联系。

实际上，很多消费者在其利益不受侵犯或损害的情况下是愿意分享自己的个人信息的。战略咨询公司 Hudson Crossing 旅游业的副总裁及分析师 Henry H.Harteveldt 表示：40% 或者 40% 以上的旅游者愿意将自己的个人信息分享给他人，前提是让其隐私安全能够得到保障，而且希望通过这样的做法能够提升其旅游体验。

再次，小数据来源于单一用户的特定信息，旅游品牌可以用小数据灵活地向用户发送个性化信息。旅游业者可以借助这些数据聚焦用户的旅游期望和需求，从而建立更加深层次的关系。

在收集和分析并利用用户小数据方面，亚马逊可谓是高手。亚马逊利用自己的商品推荐系统，通过产品推荐的功能来吸引用户的关注，并令其产生兴趣，之后会抓住用户的兴趣趁热打铁，与用户进行具有相关性的沟通。亚马逊还根据相关的用户购物历史，提供购买过该商品的用户同时也购买过其他商品的推荐。

通过对挖掘的用户大数据进行分析，亚马逊能够按照用户需求为其进行产品推荐，帮助用户做好购买决定。这种感觉就好像是自己在购物时拿不准买哪个的时候，旁边的闺蜜非常亲切地给你提供购买意见一样。亚马逊在收集用户过往浏览信息的时候，借助这些小数据来提供"您可能还会对这些产品感兴趣""猜你喜欢"等推荐。这样做，既可以节省用户寻找商品的时间，也可以增加交易量，可谓一举两得。相信很多淘宝消费者也有过类似的购买经历。

最后，衡量用户情绪，判断用户对产品和服务是否满意，根据其抱怨内容获得用户需求，进而对于不足之处加以改正和完善，达到真正满足用户需求的目的。

如果游客去一家 AAA 级景区旅游，景区在出口会放一本游客景区评价簿，游客可以将自己满意与不满的地方写在该评价簿上，写评价的游客都会获得景区纪念品一份，这样对于游客来讲，通过留下只言片语，既可以获得微小的纪念品回报，又可以使自己的体验得以提升；对于景区来讲，通过游客的评价，可以得知景区在哪些方面还存在缺点或不足，如厕所设置太隐蔽、路面坑洼不平、设施太过陈旧、价格偏高等，从而帮助景区自我完善，让游客更加满意。而游客进行评价的过程，其实就是景区获取游客小数据的过程。

其实，小数据获取方式是非常简单的，不需要利用各种技术手段，通过调查、倾听的方式就可以获知用户的心声。旅游业可以借助这些方式来挖掘小数据的潜能，从而更加精准地进行营销投放，最终实现精细化营销。

7.3　餐饮业利用小数据调整营销策略，提升毛利率

通常，餐饮企业在营销过程中必然会受到这样那样的条件限制，使得其毛利率产生相应的变化。实际上，毛利率就是一个企业的定价水平。毛利率增高，餐饮企业的利润自然会增多，但也会因价格因素而影响用户的光顾次数。每家餐饮企业都应该设定一个综合毛利率的合理范畴，并以此来指导餐饮企业进行优化管理。

常用的提升毛利率的方法如下。

（1）**塑造品牌**。给用户形成一种高档的印象，并增加产品高档的感觉，让用户产生一种物有所值的心理，为加大毛利奠定基础。

（2）**控制成本**。在能够保证产品质量不低于同行业或能够较高于同行业的情况下，想方设法压低进货价格，为企业扩大毛利率事先做好准备。

（3）**控制过程**。在产品加工的过程中，要学会合理利用原材料，严格把好每一关，制定严格的管理制度，培养员工的节约不浪费的习惯。另外，还应该提高员工的技术水平，避免加工过程中由于技术问题而带来的损失。

但是，以上的几种方法只是模糊地对可能降低毛利率的因素进行改进，并没有清晰、透彻地抓住导致毛利率降低的真正原因。

在大数据时代，一种高效的创新方法将能够更好地提升餐饮业的毛利率，即通过对财务统计数据进行分析，餐饮业管理者可以根据当前与以往的数据变化情况进行对比，对近期的经营管理情况即可一目了然，如哪些工作被忽视、哪些方面需要改进、哪些方面还有继续提升的空间等，如表 7-1 所示。利用统计数据对餐饮企业的营销策略进行调整，可以优化菜品，达到提高毛利率的目的，如图 7-1 所示。

表 7-1　营业收入日报表

日期：2009.02.15 ～ 2009.02.15　　　　　　　　　　　　　　打印：2009.02.15-11:26

消　费			收　入						
					现款结帐		签单挂帐		合计金额	
项目	项数	金额	币别	项数	原币金额	项数	原币金额	原币金额	合人民币
虾类加工	57	879.00	人民币	61	12097.00			12097.00	12097.00
鱼类加工	79	1192.00	银联卡						
贝壳类加工	151	2456.00	港币						
蚧类加工	22	360.00	葡币						
鲍燕翅	1	1960.00	支票						
明档	2	68.00	挂帐	3	626.00			626.00	626.00
煲仔	8	214.00							
铁板类	7	165.00							
精美小炒	20	539.00							
时蔬菜	54	1048.00							
主食类	15	351.00							
酒水类	51	1241.00							
其他类	158	1837.00							
汤类	1	68.00							
服务费									
优惠费	6	-39.00							
凉菜	26	384.00							
消费合计	656	12723.00	收入合计	64		0			12723.00
本月至今	8287	50010.00	本月至今	623		0			108160.00

经理：　　　　　　主管：　　　　　　出纳：　　　　　　制表：管理员

数据微观察

普通餐厅常用的台卡和点菜单、酒水单等方式为财务统计提供了比较详细的分析资料。在财务统计数据表中，可以清晰地看到人均消费、平均每天桌次、桌次消费情况、平均每天赠品总价、每天平均营业额等。每一个单项都要做到细致详尽，如桌次消费情况，包括菜品消费比例、酒水消费比例、茶点消费比例等。如果对菜品比例进行细分，则可进一步细分为蒸菜出品比例、炒菜出品比例、汤菜出品比例、煎炸菜出品比例等。

图 7-1　利用小数据提升餐饮业毛利率

1. 部分降价促销

通常，降价促销是为了以较低的价格来换取客流量的增加，以获得更多的营业额，吸引更多的新用户。在进行部分菜品降价促销的时候，要结合全店毛利率，将其持续稳定在合理的比例之内，对菜谱进行深入研究，并对部分菜价进行调整。餐饮企业通过对数据变化的研究，可以发现近期的经营优势和劣势，进而不断改进和完善经营策略。

2. 少量定量定价

对点单量的数据进行统计，当部分特价菜品推出以后，从加菜的菜单统计中选择点击率排名前 20 位的菜品，进行 10% ～ 20% 不等的降价优惠，从而将这 20 种菜品定为特惠菜。用户在点餐的时候就可以按照优惠价格来选择特惠菜。

通过以上两种方式，对小数据变化进行研究，并分析导致这种变化的原因，寻找数据变化中潜藏的商业价值，在餐饮方面制定战略性营销决策，既可实现精细化营销，又使得毛利率不断提升，营业额得以增加。

7.4　印刷业利用小数据有效提升印刷能力

一个成功的企业必然拥有一个巨大的重要用户群，对这些用户群进行细分，并为这些细分用户提供更加个性化的产品，即可提升营业额。对于印刷企业来讲，同样也需要重视用户群体，只有做到比用户自身更加了解用户，才能够为这些忠实的用户群带来令其满意的印刷产品。然而，实现用户体验满意度最大化的基础就是对用户数据进行分析。

马云曾说过，当前我们已经从 IT 时代进入了 DT 时代，即数字技术处理时代。印刷业同样是这个大趋势、大浪潮中的一员，同样也身处数字技术处理时代，因此数据分析就成为印刷业软实力的重要组成部分。虽然这是一个处处充满大数据的时代，小数据在我们的日常生活、工作以及企业发展过程中的价值看似"骨感"，但实际上却很"丰满"。

1. 大数据要懂

通常，普通的印刷企业很少能够从大数据中真正获利，其关键在于印刷企业所获得的数据量太小，不足以形成海量数据。舍恩伯格在其所著的《大数据时代》一书中说道："大数据的特征是关注数据整体而不是抽样，关注数据相关性而不是因果关系，关注数据混杂性而不是精确性。"换言之，企业如果没有海量数据，那就很难通过数据分析对企业未来的发展进行预测。对于印刷企业来讲，其用户数据量不会达到海量级别，但是，这并不意味着印刷企业就与大数据分析无缘，印刷企业可以通过关注行业信息分析，直接借鉴大数据分析的结果，并将该结果作为企业制定运营决策的参考依据。

印猫网是一家知名的电子商务印刷网站，该网站先后选取众多电商巨头，包括天猫超市、顺丰优选、鲜直达、沱沱工社、京东商城、1 号店、中粮我买网等平台的生鲜类水果线上销售情况进行观察，并作出了一份详细的数据统计。在这一调查中，销量排在第一的水果是奇异果，之后是苹果、橙子、柠檬等。通过对这些水果的销售单元分布数据进行分析，该企业发现：每次网购达成的水果交易量最大的是 500g、1000g，而 2000g、2500g 次之，并且后两项与前两项相比，订单数量上也有很大的差距。水果是不易保存的食物，因此对包装提出了很高的要求。通常水果包装的塑料分为单个保护包装盒、功能包装、内包装、外包装 4 类。而功能包装又分为气泡包装、保鲜膜，内包装分为 PET 吸塑包装和坑纸隔层等，外包装主要用的是纸箱。假设上述调查结果代表水果的印刷包装需求情况，那么印刷企业可以通过这组数据发现以下几点。

首先，明确网购水果市场对于纸箱的需求量有多少。

其次，了解当前网售纸箱的价格区间。

最后，可以根据前面的分析得知：纸箱是当前市场需求量最大的热门产品；可以预测当前市场需求的产品和数量；可以根据预测安排生产，从而可以做到按需生产，减少成本的浪费；有效的价格分析可以帮助企业增强市场竞争力，打响强有力的价格战。

实际上，印猫网的这项统计向人们揭示了大数据对于印刷业的发展起到了什么样的推动作用。因此，对于印刷企业而言，虽然其自身没有海量数据，但是可以利用其他渠道挖掘和分析相关数据，并进行整合、利用，这对于其自身发展而言是非常有益的。

2. 小数据要精

大数据的任务是告诉我们应该做什么，而小数据的职责是告诉我们应该如何做。在实际的应用中，小数据作为印刷企业的软实力，是指导印刷企业发展的重要工具。

通过对相关数据进行分析，可以为用户提供更加贴切的、符合其真实需求的产品，可以让用户的产品体验满意度达到最大化。

一家数码印刷企业，虽然自身没有海量数据支持企业决策的制定，但是也没有忽略身边的小数据对其发展所产生的的巨大价值。该企业通过百度地图查到其周围两千米范围内的诸多企业，包括 3 家医院、4 所学校、9 个居民小区、45 家餐饮企业、2 家上市公司，以及 250 多家零售类小型商店等。虽然该企业与这些商户都没有任何接触，但是发现这些商家中有部分已经在该企业下过一些订单，只是这些订单中的记录都是碎片化的，如不完整的公司名称、只有手机号但是没有姓名、只有 QQ 号但是没有手机号等。虽然这些信息是碎片化的，但对该企业来讲，却隐藏着巨大的潜在价值。

从上述案例中，我们不难发现，印刷企业的软实力就是通过一些碎片化的小数据分析开始积累的。小数据的分析和利用是印刷企业发展的必备能力。因此，印刷企业要想快速提高运营能力，快速增加利润，最有效的办法：尽可能地获取用户信息，哪怕是一个 QQ 号、微信号都不能放过；尽可能细致地整理出以前的报价单；尽可能将以往所有的订单信息进行汇总。对于印刷企业来讲，这些看似微不足道的信息和汇总，其实能给印刷业带来巨大的财富。

另外，还需要提到的是：在精细化营销过程中，印刷企业还需建立用户数据分析机制，通过规范化的数据分析机制，帮助企业进行数据收集和录入，通过分析得到的结果，可以帮助企业更好地制定企业运营策略。

大数据时代，印刷企业利用数据分析为其打造软实力，的确是一个不错的选择，但是加强小数据的分析与管理是实现软实力的基础。当数据积累越来越多的时候，所创造的价值也就会越来越大，因此在 DT 时代印刷企业所获得的红利也就越来越多。

7.5　智能穿戴设备领域借助小数据不断契合用户需求

2013 年 10 月，奇虎 360 推出了儿童卫士智能手环；2014 年 7 月，小米首款智能手环火爆打入可穿戴设备市场；2014 年 9 月，阿里巴巴推出了一款防水智能手环；2015 年 4 月，Apple Watch 面世……随后，市场上众多智能穿戴产品诞生了，如三星 Gear2、华为荣耀手环等，市面上比较受欢迎的智能产品主要有 Jawbone Up 2、咕咚手环、Fitbit Flex、谷歌智能手表等。

就目前国内市场中的智能穿戴设备来看，产品有腕表、手环、戒指（如 Geak 魔戒）、手杖、头盔、眼镜、胸罩等；功能集中体现为：定位、通信提醒、ID 认证、健康监测和管理、睡眠监测等。有关数据显示，2014 年，全球可穿戴智能终端的出货量超过了 1 亿部，截至 2015 年，中国市场可穿戴市场规模超过了 100 亿元，预计到 2018 年，全球智能设备的使用量将超过 3 亿部。

从上面的产品种类和市场规模数据来看，智能穿戴设备已经在市场上占有很大的比例。可穿戴设备由于其具有功能智能化和耗能低的特点，备受人们的关注和喜爱，为人们的生活带来了极大的便利。智能穿戴设备借助传感器，实现了人体信息与各种数据之间的互连互通，应用领域十分广泛，能够根据用户需求的变化不断升级，可以随时随地地存储和转换数据，让人们的需求得到最大限度的满足。

然而，智能穿戴设备之所以有如此庞大的市场规模，其关键还在于基于互联网的大数据时代，利用小数据为智能设备市场创造了巨大的价值，给企业的发展带来了更多的利润，这也是电子商务时代不断发展的有效武器。结合当前互联网发展现状和趋势，通过对小数据在当前智能穿戴设备中的应用以及未来发展前景的分析，企业可以通过小数据的挖掘获得更多的商业价值，与此同时，可以帮助智能穿戴领域的产品更加切合用户需求。

1. 小数据在智能穿戴设备中的应用现状

目前，市场中的智能穿戴设备有多种形式，诸如手环、手表、眼镜、戒指等，无论是用户想象到的还是想象不到的，都在市面上不断涌现。这些设备可以自动收集人体数据，从而更好地帮助人们监测和管理自己的健康、睡眠、饮食习惯、生活规律等。

2007 年，世界著名科技杂志《连线》记者凯文·凯利和盖瑞·伍尔夫提出"量化自我"的概念之后，随着当前移动端技术、无线网络以及传感器技术异常迅猛的发展，"量化自我"成为当下数据应用技术的核心，并且与人们的生活状态以及身体健康状况有着非常密切的联系，因此，这就可以被称作小数据在个人生活中的应用。利用智能穿戴设备，将采集到的小数据及时、准确地传到数据处理系统，通过对收集的数据高效统计分析，可以为人们提供更多有价值的建议。

比如，家长通常利用智能婴幼儿健康管理产品监测婴幼儿的生理数据，并通过该数据来对婴幼儿进行监护。但是由于家长并不是专业人士，会用简单几何图形元素进行界面设计，从而保证小数据能够有效地传递和利用，家长可以通过直观的图形、声音等实现视觉和听觉上的感受，并且有效解决育婴过程中的问题。

很多家长在育婴过程中都会为宝宝红屁股烦恼不已，分析该问题后，发现最大的原因在于粪便和尿液中的刺激性物质经常接触皮肤，会使皮肤受到强烈的刺激，尤其对于宝宝娇嫩的皮肤而言，则刺激更大，容易使宝宝患湿疹。但是，频繁地检查宝宝尿不湿情况耗时耗力，而智能尿不湿报警器的诞生就解决了这样的问题。只要家长在智能终端上安装一个与尿不湿报警器相匹配的 APP，就可以通过智能尿不湿报警器，24 小时有效监控宝宝的纸尿裤的湿度状态，降低宝宝患尿布湿疹的风险。其实，智能尿不湿报警器就是在智能终端将小数据反映给家长，通过图形的形式、声音报警的形式提醒家长给宝宝及时更换尿不湿。

2. 小数据在智能穿戴设备中的应用前景

智能穿戴设备的市场前景是相当可观的。智能穿戴设备与生命健康、移动互联网技术将进一步深度融合，使得其与手机等诸多移动设备之间的数据管理更加频繁与密切，从而降低了第三方开发应用的复杂度，实现了多用户的共享，用户可以多方面统一管理。

　　市场上能够进行数据收集、存储，并对胎音进行分析的胎音检测设备中，知名的要数"快乐妈咪"了。这款设备就是通过运用传统的数据存储和计算，通过小数据的云端存储，录制宝宝的胎语（胎心率）之后，根据准爸准妈喜欢的乐曲进行不同音乐的融合或者自制，制作成个性化、高智能化的"胎语音乐"，同时还可以将胎教音乐通过互联网分享给亲朋好友。另外，准爸还可以将准妈的心跳录制下来，结合舒缓柔和的音乐制成"摇篮曲"。宝宝出生以后，就可以在自己出生前所熟悉的声音环境中快速入睡。实际上，"快乐妈咪"的原理就是通过收集宝宝的胎语和准妈的心跳所产生的小数据，并结合数据分析技术与信息化技术，形成能够满足宝宝听力需求的"胎语音乐"和"摇篮曲"，让宝宝能更加安心地入睡。

　　由此可见，小数据在智能穿戴设备中的应用空间还有待进一步挖掘，未来小数据将在智能穿戴设备方面发挥更大的商业价值，这必将是未来数据化市场发展的走向和趋势。

　　现代科技的不断进步，必然促使人们生活水平不断提高，以往人们只注重物质生活水平，现在逐渐转变为注重高质量的生活水平。这样一来，自我管理和自我量化就成为人们生活中的一种趋势。小数据作为一项与智能穿戴设备密切相关的技术，通过数据的收集、可视化、交叉引用、数据的相关性等，探索智能穿戴设备更加广阔的发展前景，为人们的生活朝着更加便捷、快速、高效的方向提供了强大的技术支持，也正是如此，小数据应用成为人类未来生活领域里不可或缺的一种潮流，它给人们的生活以及企业的发展带来了不可估量的价值与意义。

7.6　线下实体店搭载小数据进行精细化营销，在电商冲击下重获新生

互联网的出现，使得电子商务成为一种全新的营销方式，并且占领了零售市场的大半壁江山。电商产品价格较线下实体店低了很多，使得线下实体店成为了线上电商的"试衣间"。在互联网和电商双重的巨大冲击下，线下实体店几乎在消费者那里"失宠"了，因此，实体店必须重新寻找一条能够重新回归消费者心头的方式，以重获新的经济增长点。

2010 年，北京朝阳大悦城作为一家全国连锁的大型零售购物商场，在北京朝阳青年路上建成并开始营业，与北京西单的大悦城相比，朝阳大悦城这座体量达 23 万平方米的购物商场，周边并没有繁华的王府井百货，也没有汉光百货、君太百货，而是在几个住宅小区边上矗立，因此，其客流量与西单大悦城相比可想而知。再加上近几年在互联网突飞猛进的发展影响下，朝阳大悦城的营业额出现下滑趋势。

对此，朝阳大悦城不再只关注销售，将更多目光放在客流上。2015 年"五一"期间，朝阳大悦城利用"100 哆啦 A 梦秘密道具博览"造势，吸引很多潜在消费者前来与这个"蓝胖子"合影，一张门票 50 元，周末单日的门票收入全部收入哆啦 A 梦中国版权代理公司的囊中，大悦城一无所获，但是，大悦城还是赚到了——赚到了巨大的客流量：据朝阳大悦城统计，2015 年"五一"期间，在哆啦 A 梦萌战开始后，整个商场的平均客流量环比提升了 45%，"五一"小长假期间中销售额较 2014 年同期增长了 30%。

如今，线上零售业的销售先人一步，出现了诸如代购、海淘之类的营销方式，对于消费者而言，只有想不到的，没有买不到的。因此，大悦城也开始在近几

年摸索全新的营销策略，为其自身进行多业态布局，从以往的以购物为主转到以消费者体验为主的道路上来。

事实上，朝阳大悦城只是众多线下实体店中的一个缩影。从朝阳大悦城这几年的发展历程中，我们不难发现：作为一家大型的购物连锁商场，大悦城一直在寻找一些问题的答案，即用户是谁？用户想去哪里？如何能够引导用户去想去的地方？这些都是以往电商非常善于解决的问题，如今大悦城也在解决这个问题。并且，大悦城还想成为社群时代消费者情感沟通和体验生活的空间，而绝不仅仅是一个完成交易的平台。

1. 通过分析用户小数据实现精细化营销

虽说目标用户所需商品是所有商户营销的重点，但是终究信息还是很模糊的。例如，哪些是目标用户，哪些是目标用户所需商品等。这时候就需要利用数据挖掘和分析技术来使这些问题具体化、清晰化。

随着技术的进步，很多领域，如金融领域、医药领域等，挖掘数据的手段都发生了诸多变化，但是在商业领域，大数据的重要商业价值才在近几年被关注和利用。对于大悦城而言，通过调查分析所获得的数据较阿里巴巴这样的互联网巨头来讲，根本不能被称为大数据，只能算作小数据。

过去的两年时间里，大悦城开始专注于 O2O，尽可能地收集和分析消费者数据，如进行用户价值分类和会员分级等。目前，朝阳大悦城当前有 10 万名活跃用户，大悦城数据分析团队根据消费者的消费轨迹制定了更加贴切的、有针对性的营销方案，从而引导消费者消费。而消费者的消费轨迹就是一些零碎的小数据。

小甲是朝阳大悦城的忠实消费者。每周六，小甲都会去离家不远的朝阳大悦城的一楼去逛木吉，之后会去三楼江南布衣和优衣库逛一圈，最后会去单向街看书或者偶尔听讲座，有时候也会去八楼看电影。对于大悦城的数据分析团队而言，小甲在大悦城中的行动轨迹实际上也代表了一群人的行动轨迹。根据数据统计，在这群人中，经常购买木吉服饰的人占 60%，而去过木吉之后又去了优衣库的人所占比例为 37%。因此，根据这一小部分人行动轨迹的数据分析，就可以为其进行用户细分，并且为其制定有针对性的个性化产品推荐路线，使消费者更加容易地找到自己想要的产品。

大悦城的这种根据行动轨迹制定营销策略的行为，实际上也是借助大数据关联性的特点，结合消费者行为轨迹的小数据分析来实现的。对于很多人来讲，他们是非常不愿意被贴上标签的，但是朝阳大悦城还是会通过对消费者的数据分析，为各种人群贴上更加能够描述其特征的标签，如日系青春风、韩版休闲风、法国异域风等，或者普通务实、注重品味、性感甜美、时尚前卫、阳光稳重等，通过这样的标签对用户进行细分，从而实现精细化营销。

在我国商业领域中，利用数据分析技术实现精细化营销已经成为一种营销的趋势和潮流。从具有代表性的个体消费者身上获取、分析小数据，是为了使产品在生命周期中通过精细化管理实现更加精细化的营销。

2. 通过分析商户小数据增加营业利润

朝阳大悦城除了想方设法增加客流量外，还改变了过去购物中心开发商的"房东"角色，掌握了更多关于商户的信息。大悦城的租金收益是靠流水抽成的，假如有的商户上报说自己营业亏损，那么究竟是否亏损，还得靠数据说话。如果发现有的商户的确出现了亏损现象，那么这些商户就可以向大悦城寻求帮助，大悦城商场一般会给提供一些礼品或者进行专门的会员活动，从而有效地增加商户的营业额，最终达到整个商场营业利润提升的目的。

通过对各个商户的经营情况进行分析，获得相关数据，可判断企业的盈亏情况。大悦城将其旗下的 500 家商户按照不同的业态分为 32 个品类，利用数据可视化特点，将统计所获得的数据放入由租金、坪效①和销售额建立的矩阵中，不同的角落代表不同的营销情况，并按照不同的类别将其分为四大类，即金银白灰，最后将统计的数据图表形式转化为一张简单的名单：哪些商户需要重点关注、哪些需要重点扶持、哪些只能无情淘汰。

大悦城从旗下 500 家商户中所获得的数据与电商背后的云数据相比，只能算是小数据，但是对于大悦城的全方位革新来讲，已经足够其使用了。

7.7　教育领域，大数据与小数据相结合，实现因材施教

如今，"大数据"已经成为了热点名词，大数据的应用领域已经超乎我们的想象，金融、电商、医疗、生物、科技等领域到处都有大数据的身影。其实，大数据的出现比我们想象的要早得多，如今的大数据概念的兴起，主要有两方面因素：一方面是数据海量增长，处理样本数变多；另一方面是物理运算能力较之前有了很大的提高，因此给处理海量数据带来了可能。

的确，我们可以说大数据无处不在，大数据对我们的了解甚至可以比我们自己更深入。拿百度数据来讲，我们平时在百度上进行搜索的时候，百度会告诉我们很多想要找到的答案，但与此同时我们也会在百度搜索引擎上留下很多数据，当你下次再去百度搜索时，百度搜索就会根据你以前的搜索习惯以及你留下的数据，向你推送有针对性的内容。

在大数据时代，几乎每家不甘落后的教育机构也都争相拥抱大数据，在教育领域，众多学校把大数据当作在教育领域的激烈竞争中能够脱颖而出的有效武器的时候，小数据在教育领域中的作为也是不容忽视的，如图 7-2 所示。

---

① 坪效，台湾地区计算商场经营效益的指标，指的是每坪的面积可以产出多少营业额（营业额 ÷ 专柜所占总坪数）。一般来说，O2O 电商卖场坪效比传统卖场坪效高出 3 ～ 4 倍。

1. 通过小数据可以找到学生学习成绩下滑的真正原因

在教育领域，数据的采集可以分为以下两个维度。

首先是时间维度。教育会在人的一生中分为多个阶段，如胎教、早教、幼教、初级教育、职业教育、高等教育、国际教育等，在每个阶段都会产生很多与教育有关的数据，这些数据充满了学生从小到大的受教育过程中。学校可以采集的数据非常多元化，既可以采集与学生学习有关的数据，又可以采集他们的行为数据。

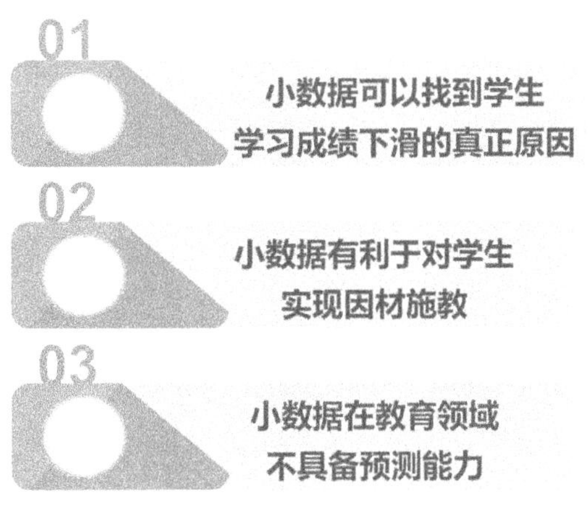

图 7-2　小数据在教育领域中的应用特点

同学甲在最近的一次考试中，成绩有所下滑，但是要想弄明白成绩下滑的原因，学校不能仅仅从其考核结果或者做作业的情况来看，而应当从其近期的行为数据来进行深入分析。或许是因为这几天甲家里发生了意外，或许是家里父母不合经常吵架，或许是前两天甲受到了家长的批评等。所谓有因必有果，从某种意义上来讲，这些行为数据也极可能是导致其成绩下滑的真正原因。

其次是空间维度。从空间上来讲，学习的环节和情景包括预习、课中、复习等，可以分别从课前、课中、课后三个方面进行数据采集，通过对课前预习和课后复习数据的对比，可以发现学生的成绩是处于进步、退步还是原地踏步阶段。

其实，无论是时间维度还是空间维度，所采集的数据都是从单个学生处得来的，因此，这些能够用来描述单个学生学习情况的数据实际上就是小数据，也正是通过小数据的因果思维找到了影响某一学生学习成绩的真正原因。

2. 小数据有利于对学生实现因材施教

小数据技术的应用有利于学校对学生进行个性化教育，达到因材施教的目的。标准化的学习内容由学生自己组织学习，但是学校和教师更多的是通过分析学生在课堂上的学习接受能力和课后的学习消化能力，以及学生擅长的学习方法等，对学生进行个性化培养。这样教师的角色就从教学培养者转变为教学辅助者。

就当前的实际情况来看，在学生"学"的过程中采集数据的难度比较大，而在"习"的过程中采集和分析数据会比较容易些。有的学校目前已经针对这一问题提出了"学生能力图谱"，通过对学生的行为数据进行判断，发现学生学习过程中存在的问题，哪些方面有优势，哪些方面存在一定的缺陷等，然后根据能力缺陷方面的推送需要完成特定的训练任务，通过不断的训练来提高学生的学习效率和学习成绩。也就是说，小数据既可以帮助学生实现个性化学习，又可以帮助教师实现因材施教。

目前，成都师范学院就开始将数据分析应用于学校的日常管理和教学当中。2016 年 1 月，成都师范学院完成了教育数据中心的建设，并已经初具规模，其数据统计分析工作已经初具成效。一方面，教育数据中心通过对校园卡的消费数据进行分析，帮助学生对自己的消费情况进行合理、有效的管理，增强了学生的节俭节约意识，帮助学生提高了理财能力；另一方面，为学生的饮食健康和消费偏好提供统计，并通过数据分析每位学生的消费情况，来评定哪些学生具有获取助学金的资格。另外，成都师范学院还从学生的学习稳定度、学习缺陷等方面入手进行数据分析，通过为学生推送微课、补救题等方式对学生进行个性化教学。除此以外，在计划帮助学生开展自主学习的同时，还对教师的教学方法和侧重点方面进行数据分析，从而为其提供有益的帮助，提升教师的教学水平和效率。然而这些数据都是针对每个学生和教师个体而言的，因此这些数据的应用都属于小数据的应用。

3. 小数据在教育领域不具备预测能力

在大数据发展如火如荼的时候，教育行业所拥有的的数据量相对于电商而言是比较少的。电商拥有庞大的用户数据，可以从少量数据逐渐积累到海量数据；而对于教育而言，其垂直属性相当凸显，大量数据会分流向不同的垂直领域。

另外，当前教育行业所获得的数据还不具备足够的的预测能力，主要有以下几个原因。

首先，数据过于碎片化。无论从时间维度还是空间维度来看，所获得的数据都是在不同阶段或场景中收集到的。因此，这些数据不具有连贯性，仅仅是一些碎片化的、单一性数据。

其次，教育领域所获得数据实际上分为两类，一类是校内数据，一类是校外数据。由于校内数据和校外数据被一堵围墙所隔开，因此校内校外数据之间并不能实现互相连通。

结合以上两个原因，我们不难发现，在教育领域，对于学生和学校未来的发展前景，通过这些碎片化的小数据，我们并不能得到精准的预测结果。

简而言之，小数据在教育行业虽然没有预测性，但是却能够帮助学校发现学生的学习情况，并且判断可能导致学生学习成绩下滑的真正原因，还可以帮助教师对学生实现因材施教，这就是小数据在教育领域中的应用价值。

实际上，大数据与小数据并不是一对矛盾体，纷繁复杂的大数据就是由众多碎片化的小数据构成的，而庞大的数据库也是由一个个小数据串连起来形成的。在教育领域，其实是在大数据的理论基础上做小数据推送，从而回归到个性化教学层面上来，最终实现因材施教。

7.8　金融领域，基于小数据企业实现精细化营销

信息是一种客观存在的物质，一旦将其用计算机记录下来就变成了数据，综合记录各类数据，并从中挖掘出某些有着一定相关性和规律性的东西，这就是大数据。由此看来，大数据其实并不是像我们想象的那样神奇、神秘。

所谓"得数据者得天下"，言下之意，就是说当今的竞争其实就是大数据的竞争，再往深一点说，实际上就是掌握用户需求的竞争。只有了解用户的经济往来和实力情况，并详细掌握用户需求，才能为用户提供更加能够满足其需求的产品，进而增加用户群黏度，最终实现获取巨额利润的目的。

对于金融行业来讲，金融本身就是数据的化身，是一个庞大的数据中心。以传统银行为例，传统银行担当着社会支付中心、信用中心、现金中心的角色，长期承担着社会会计的职能。银行可以随时跟踪每笔款项的来龙去脉，因此使得银行成为了一个名副其实的信息聚集地。

在金融领域，经常会遇到一些数据挖掘和应用的问题，大数据在金融领域所产生的价值是非常巨大的。例如，对金融产品进行短信营销的过程中，利用大数据筛选功能，与原来的海发、群发短信的方式相比较，仅仅需要 1/5 的短信量就可以达到甚至超过以往的短信覆盖后的效果。

一方面，大数据分析可以帮助金融企业更加明确哪些是目标用户。另一方面，对一些在网上搜索过银行高收益率理财产品，但是最终却购买了低风险的理财产品的用户，一般在银行的用户管理系统中仅仅记录用户的最后购买结果，对于用户在购买过程中需求和想法却一无所知。但是如果能够借助大数据挖掘和分析的优势，就可以将用户在网络购买金融产品过程中所表达出来的情感、需求、渴望等信息化作非结构数据信息表达出来，那么就可以将这些数据信息

构建成一个大数据库，进而 360 度全方位对用户需求进行画像，从相关性中判断用户下一步的需求。这种做法与传统的方法相比较，可以很大程度上改善用户的体验，从而帮助金融企业实现精细化营销的目的。

从体量上看，银行数据能够称得上大数据了，但是这类数据都是在交易过程中形成的，而对于用户行为数据来讲，仍然处于小数据的量级。大数据的价值在于能够借助足够的数据来满足业务挖掘的需要，能够通过社交网络、电子商务、移动端或 PC 端获得非机构化数据，获取用户的消费习惯、风险收益偏好等信息，可以帮助金融企业更好地区分目标用户、挽留老用户、提升用户活跃度，从而进行高效地精细化营销和风险管控，这也正体现了金融企业对于大数据精髓的充分利用。

实际上，不光大数据对金融企业有很大的帮助，小数据对于金融企业来讲也有很大的价值空间。

以 51 信用卡公司为例。51 信用卡管家前身是 51 账单，是其创始人孙海涛与 4 位合伙人经过 2 个月的时间潜心开发共同创建的。51 信用卡公司创建的目的就是为那些使用信用卡但是经常会忘记还款的人提供管理服务。在企业运作过程中发现后台每分钟都有人导入账单，一张卡可能会导入三四个月的账单，每张账单上会有很多相关的消费记录。从每一张信用卡的账单信息和消费记录中都可以挖掘到该卡的持有者产生的小数据信息，通过这些小数据可以为该用户画像，从而为其提供个性化管理提醒服务、贷款服务。利用小数据服务于用户，这就是小数据在金融企业中的价值。

从上述例子中我们不难看出，小数据扮演的是描绘用户画像和参与风险管理的角色。然而，投资和借款的过程可以看作一个个人信用小数据变现的过程。事实上，51 信用卡是一个利用小数据驱动产生资产的闭环平台。在这个平台中，用户的样本数据以及对数据解析的精准度，很大程度上影响了其用户对产品的

体验满意度。

　　不过，金融行业是有一定的数据门槛的，并不是说所有的有数据积累、有数据处理能力的企业都能够在金融行业有广阔的发展前景，相反，其前景可能是非常有限的。

以信用卡业务为例。一份调查显示，越来越多的人对未来的生活持有乐观向上的态度，因此常常会利用金融手段超前消费，从而增强了人们整体的超前消费信贷意识。有关数据显示，2014 年末，全国信用卡累积发卡数量超过了 4.55 亿张，全国人均持信用卡数量为 0.34 张，同比增长了 16.45%。2015 年上半年，仅广发银行的信用卡发卡量就已经超过了 4000 万张，并且发卡量呈递增趋势。

　　上述数据调查表明消费信贷意识正在撬动金融行业的发展，金融行业将，通过对小数据优势进行把控，提高数据的价值密度，从而为用户提供有价值的、能够满足其需求的业务，增加银行的整体业务量。

　　银行的用户管理系统中囊括了大量的用户姓名、性别、年龄、职业、所在区域、购买产品记录、付款方式等内容，这些项目中，每一个项目小数据又相互叠加形成大数据，并且能够表现出大数据的特征。因此，在金融领域，用大数据总结规律，而用小数据去实现个人匹配，这是金融领域用较低的成本换取较高的营销利润的最佳手段。

　　总之，在金融领域，金融企业要想尽可能地把握大数据的精髓，利用大数据产生巨大的利润，关键还得从小数据做起，将现有的小数据收集、分析、处理好，这是利用大数据实现精细化营销的基础。